2016
Windows Server
Active Directory 配置指南

戴有炜 编著

清華大學出版社
北京

内 容 简 介

本书由台湾知名的微软技术专家戴有炜先生倾力编著，是他最新推出的 Windows Server 2016 三卷力作中的 Active Directory 配置指南篇。

本书延续了作者的一贯写作风格：大量的实例演示兼具理论，以及完整清晰的操作过程，以简单易懂的文字进行描述，内容丰富，图文并茂。本书共分 13 章，内容包括 Active Directory 域服务、建立 AD DS 域、域用户与组账户的管理、利用组策略管理用户工作环境、利用组策略部署软件、限制软件的运行、建立域树和林、管理域和林信任、AD DS 数据库的复制、操作主机的管理、AD DS 的维护、将资源发布到 AD DS 以及自动信任根 CA。

本书面向广大初、中级网络技术人员、网络管理和维护人员，也可作为高等院校相关专业和技术培训班的教学用书，同时可以作为微软认证考试的参考用书。

本书为碁峰资讯股份有限公司授权出版发行的中文简体字版本。

北京市版权局著作权合同登记号　图字：01-2018-2281

图书在版编目（CIP）数据

Windows Server 2016 Active Directory 配置指南 / 戴有炜编著.—北京：清华大学出版社，2019
ISBN 978-7-302-51796-2

Ⅰ.①W… Ⅱ.①戴… Ⅲ.①Windows 操作系统－网络服务器 Ⅳ.①TP316.86

中国版本图书馆 CIP 数据核字（2018）第 269762 号

责任编辑：夏毓彦
封面设计：王　翔
责任校对：闫秀华
责任印制：杨　艳
出版发行：清华大学出版社
　　　　　网　　　　址：http://www.tup.com.cn，http://www.wqbook.com
　　　　　地　　　　址：北京清华大学学研大厦 A 座　　　　　邮　　　编：100084
　　　　　社 总 机：010-62770175　　　　　邮　　　购：010-62786544
　　　　　投稿与读者服务：010-62776969，c-service@tup.tsinghua.edu.cn
　　　　　质 量 反 馈：010-62772015，zhiliang@tup.tsinghua.edu.cn
印 装 者：清华大学印刷厂
经　　销：全国新华书店
开　　本：190mm×260mm　　　　　印　张：25.75　　　　　字　数：659 千字
版　　次：2019 年 2 月第 1 版　　　　　印　次：2019 年 2 月第 1 次印刷
定　　价：89.00 元

产品编号：079763-01

序

首先要感谢读者长期以来的支持与爱护！这一系列书籍仍然采用我一贯秉承的编写风格，也就是完全站在读者立场思考，并且以务实的观点来改编升级这三本Windows Server 2016书籍。我花费了相当多的时间在不断地测试与验证书中所述内容，并融合多年的教学经验，以最容易让你理解的方式将其写到书中，希望能够帮助你快速地学会Windows Server 2016。

本套书的宗旨是希望能够让读者通过书中丰富的示例与详尽的实用操作来充分了解Windows Server 2016，进而能够轻松地管理Windows Server 2016的网络环境，因此书中不但理论解说清晰，而且范例充足。对需要参加微软认证考试的读者来说，这套书更是不可或缺的实用参考手册。

学习网络操作系统，首当其冲注重动手实践，唯有实际演练书中所介绍的各项技术，才能充分了解与掌握它，因此建议使用Windows Server 2016 Hyper-V等提供虚拟技术的软件来搭建书中的网络测试环境。

本套书分为《Windows Server 2016 Active Directory配置指南》《Windows Server 2016系统配置指南》《Windows Server 2016网络管理与架站》三本，内容丰富翔实，相信这几本书仍然不会辜负你的期望，在学习Windows Server 2016时给予你最大的帮助。

感谢所有让这套书能够顺利出版的朋友们，他们给予宝贵的意见、帮助版面编排、支持技术审校、出借测试设备或提供软件资源等方面的协助。

戴有炜

目　录

1

第 1 章　Active Directory 域服务（AD DS）

在Windows Server 2016的网络环境中，Active Directory域服务（Active Directory Domain Services，AD DS）提供了用来组织、管理与控制网络资源的各种强大功能。

> ↘ Active Directory域服务概述
> ↘ 域功能级别与林功能级别
> ↘ Active Directory轻型目录服务

1.1　Active Directory域服务概述

什么是**directory**呢？日常生活中的电话簿内记录着亲朋好友的姓名和电话等数据，它就是**telephone directory**（电话目录）；计算机中的文件系统（file system）内记录着文件的文件名、大小与日期等数据，它就是**file directory**（文件目录）。

如果这些directory内的数据能够系统地加以整理的话，用户就能够很容易与快速地找到所需要的数据，而directory service（目录服务）所提供的服务，就是要让用户很容易与快速地在directory内查找所需要的数据。在现实生活中，查号台也是一种目录服务；在Internet上，Google网站所提供的搜索功能也是一种目录服务。

Active Directory域内的directory database（目录数据库）被用来存储用户账户、计算机账户、打印机与共享文件夹等对象，而提供目录服务的组件就是**Active Directory域服务**（Active Directory Domain Services，AD DS），它负责目录数据库的存储、添加、删除、修改与查询等工作。

1.1.1　Active Directory域服务的适用范围（Scope）

AD DS的适用范围非常广泛，它可以用在一台计算机、一个小型局域网（LAN）或多个广域网（WAN）结合的环境中。它包含此范围中的所有对象，例如文件、打印机、应用程序、服务器、域控制器与用户账户等。

1.1.2　名称空间（Namespace）

名称空间是一个界定好的区域（bounded area），在此区域内，我们可以利用某个名称来找到与此名称有关的信息。例如一本电话簿就是一个**名称空间**，在这本电话簿内（界定好的区域内），我们可以利用姓名来找到此人的电话、地址与生日等信息。又如Windows操作系统的NTFS文件系统也是一个**名称空间**，在这个文件系统内，我们可以利用文件名来找到此文件的大小、修改日期与文件内容等信息。

Active Directory域服务（AD DS）也是一个**名称空间**。利用AD DS，我们可以通过对象名称来找到与此对象有关的所有信息。

在TCP/IP网络环境内利用Domain Name System（DNS）来解析主机名与IP地址的映射关系，例如利用DNS来得知主机的IP地址。AD DS也与DNS紧密地集成在一起，它的域名**空间**也是采用DNS架构，因此域名是采用DNS格式来命名的，例如可以将AD DS的域名命名为

sayms.local。

1.1.3 对象（Object）与属性（Attribute）

AD DS内的资源是以对象的形式存在，例如用户、计算机等都是对象，而对象是通过**属性**来描述其特征的，也就是对象本身是一些**属性**的集合。例如如果要为用户**王乔治**建立一个账户，则需要新建一个对象类型（object class）为**用户**的对象（也就是用户账户），然后在此对象内输入**王乔治**的姓、名、登录名与地址等，这其中的用户账户就是对象，而姓、名与登录名等就是该对象的属性（参见表1-1-1）。另外，图1-1-1中的**王乔治**就是对象类型为**用户**（user）的对象。

表1-1-1

对象（object）	属性（attributes）
用户（user）	姓 名 登录名 地址 …

图 1-1-1

1.1.4 容器（Container）与组织单位（Organization Units，OU）

容器与对象相似，它也有自己的名称，也是一些属性的集合，不过容器内可以包含其他对象（例如**用户**、**计算机**等），也可以包含其他容器。而组织单位是一个比较特殊的容器，除了可以包含其他对象与组织单位之外，还有**组策略**（group policy）的功能。图1-1-2所示就是一个名称为**业务部**的组织单位，其中包含着多个对象，其中两个为**用户**对象、两个为**计算机**对象与两个本身也是组织单位的对象。

3

图 1-1-2

AD DS是以层级式架构（hierarchical）将对象、容器与组织单位等组合在一起，并将其存储到AD DS数据库内。

1.1.5　域树（Domain Tree）

我们可以搭建包含多个域的网络，而且是以域树（domain tree）的形式存在，如图1-1-3就是一个域树，其中最上层的域名为sayms.local，它是此域树的根域（root domain）；根域之下还有两个子域（sales.sayms.local与mkt.sayms.local），之下总共还有3个子域。

图中域树符合DNS域名空间的命名原则，而且具有连续性的，也就是子域的域名包含其父域的域名，例如域sales.sayms.local的后缀内包含其上层（父域）的域名sayms.local；而nor.sales.sayms.local的后缀内包含其上层的域名sales.sayms.local。

图 1-1-3

在域树内的所有域共享一个 AD DS，也就是在此域树之下只有一个AD DS，不过其中的数据是分散存储在各个域中的，每一个域内只存储隶属于该域的数据，例如该域内的用户账户（存储在域控制器内）。

1.1.6 信任（Trust）

两个域之间必须拥有信任关系（trust relationship），才可以访问对方域内的资源。而任何一个新的AD DS域被加入到域树后，这个域会自动信任其上层的父域，同时父域也会自动信任此新子域，而且这些信任关系具备双向传递性（two-way transitive）。由于此信任工作是通过Kerberos security protocol来完成的，因此也被称为Kerberos trust。

 域A的用户登录到其所隶属的域后，这个用户是否能够访问域B内的资源呢？

 只要域B有信任域A就可以。

我们以图1-1-4来解释双向可传递性，图中域 A信任域B（箭头由A指向B）、域 B又信任域C，因此域 A会自动信任域 C；另外域 C信任域 B（箭头由C指向B）、域 B又信任域 A，因此域 C会自动信任域 A。结果是域A和域C之间也就自动地建立起双向的信任关系。

当任何一个新域加入到域树后，它会自动双向信任这个域树内所有的域，因此只要拥有适当权限，这个新域内的用户便可以访问其他域内的资源，同理其他域内的用户也可以访问这个新域内的资源。

图 1-1-4

1.1.7 林（Forest）

林是由一个或多个域树所组成的，每一个域树都有自己唯一的名称空间，如图1-1-5所示，其中一个域树内的每一个域名都以sayms.local结尾，而另一个则都以say365.local结尾。

第一个域树的根域，就是整个林的根域（forest root domain），同时其域名就是林的林名称。如图1-1-5中的sayms.local是第一个域树的根域，它就是整个林的根域，而林名称就是sayms.local。

在建立林时，每一个域树的根域与林根域之间双向的、可传递的信任关系都会被自动建立起来，因此每一个域树中的每一个域内的用户，只要拥有权限，就可以访问其他任何一个域树内的资源，也可以到其他任何一个域树内的成员计算机登录。

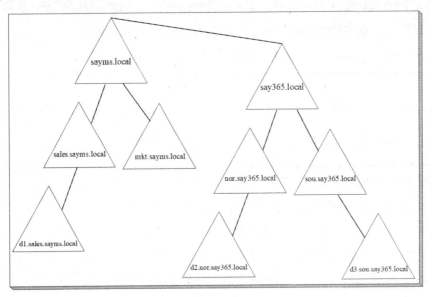

图 1-1-5

1.1.8　架构（Schema）

AD DS对象类型与属性数据是定义在**架构**内的，例如它定义了**用户**对象类型内包含哪一些属性（姓、名、电话等）、每一个属性的数据类型等信息。

隶属于Schema Admins组的用户可以修改**架构**内的数据，应用程序也可以自行在**架构**内添加其所需的对象类型或属性。在一个林内的所有域树共享相同的**架构**。

1.1.9　域控制器（Domain Controller）

Active Directory域服务（AD DS）的目录数据是存储在域控制器内的。一个域内可以有多台域控制器，每一台域控制器的地位（几乎）是平等的，它们各自存储着一份相同的AD DS数据库。当在任何一台域控制器内添加了一个用户账户后，此账户默认是被建立在此域控制器的AD DS数据库中，之后会自动被复制（replicate）到其他域控制器的AD DS数据库（见

图1-1-6），以便让所有域控制器内的AD DS数据库都能够同步（synchronize）。

图 1-1-6

当用户在某台域成员计算机登录时，会由其中一台域控制器根据其AD DS数据库内的账户数据，来审核用户所输入的账户与密码是否正确。如果正确，用户就可以成功登录；反之，会被拒绝登录。

多台域控制器可以提供容错功能，也就是即使有一台域控制器出现故障了，仍然能够由其他域控制器来提供服务。另外它也可以提升用户登录效率，因为多台域控制器可以分担审核登录用户身份（用户名与密码）的负担。

域控制器是由服务器级别的计算机来扮演的，例如Windows Server 2016、Windows Server 2012（R2）、Windows Server 2008（R2）等。

1.1.10 只读域控制器（RODC）

只读域控制器（Read-Only Domain Controller，RODC）的AD DS数据库只能被读取、不能被修改，也就是说用户或应用程序无法直接修改RODC的AD DS数据库。RODC的AD DS数据库内容只能够从其他**可读写域控制器**复制过来。RODC主要是设计给远程分公司网络来使用，因为一般来说远程分公司的网络规模比较小、用户人数比较少，此网络的安全措施或许并不如总公司完备，同时也可能缺乏IT技术人员，因此采用RODC可避免因其AD DS数据库被破坏而影响到整个AD DS环境的运行。

1．RODC 的 AD DS 数据库内容

除了用户账户的密码之外，RODC的AD DS数据库内会存储AD DS域内的所有对象与属性。远程分公司内的应用程序要读取AD DS数据库内的对象时，可以通过RODC来快速获取。不过因为RODC并不存储用户的密码，因此它在验证用户名与密码时，仍然需要将它们发送到总公司的可读写域控制器进行验证。

由于RODC的AD DS数据库是只读的，因此远程分公司的应用程序要更改AD DS数据库的对象或用户要更改密码的话，这些变更请求都会被提交到总公司的可读写域控制器来处理，总公司的可读写域控制器再通过AD DS数据库的复制程序将这些改动数据复制到RODC。

2．单向复制（Unidirectional Replication）

总公司的可读写域控制器的AD DS数据库发生变化时，这些变化数据会被复制到RODC。然而因为用户或应用程序无法直接更改RODC的AD DS数据库，因此总公司的可读写域控制器不会从RODC同步数据，因而可以降低网络的负担。

除此之外，可读写域控制器通过DFS分布式文件系统将SYSVOL文件夹（用于存储与组策略有关的设置）复制给RODC时，也是采用单向复制。

3．认证缓存（Credential Caching）

RODC在验证用户的密码时，仍然需将它们提交到总公司的可读写域控制器来验证，如果希望提高验证效率的话，可以选择将用户的密码存储到RODC的认证缓存区。这需要通过**密码复制策略**（Password Replication Policy）来选择可以被RODC缓存的账户。建议不要缓存太多账户，因为分公司的安全措施可能比较差，如果RODC被入侵的话，则存储在缓存区内的认证信息可能会外泄。

4．系统管理员角色隔离（Administrator Role Separation）

可以通过**系统管理员角色隔离**来将任何一位域用户委派为RODC的本地系统管理员，他可以在RODC这台域控制器登录、执行管理工作，例如更新驱动程序等，但他却无法登录其他域控制器，也无法执行其他域管理工作。此功能允许将RODC的一般管理工作委派给特定的用户，但却不会危害到域安全。

5．只读域名系统（Read-Only Domain Name System）

可以在RODC上搭建DNS服务器，RODC会复制DNS服务器的所有应用程序目录分区。客户端可向这一台扮演RODC角色的DNS服务器提出DNS查询请求。

不过RODC的DNS服务器不支持客户端直接进行动态更新，因此客户端的更新记录请求，会被此DNS服务器提交到其他DNS服务器，让客户端转向该DNS服务器进行更新，而RODC的DNS服务器也会自动从这台DNS服务器复制这条更新记录。

1.1.11 可重启的AD DS（Restartable AD DS）

在旧版的Windows域控制器内，如果要进行AD DS数据库维护工作的话（例如数据库脱机整理），就需重新启动计算机、进入**目录服务还原模式**（或译为**目录服务修复模式**，Directory Service Restore Mode）来执行维护工作。如果这台域控制器也同时提供其他网络服务的话，例如它同时也是DHCP服务器，则重新启动计算机期间将造成这些服务暂时中断。

除了进入**目录服务还原模式**之外，Windows Server 2016等域控制器还提供**可重新启动的AD DS**功能，也就是说如果要执行AD DS数据库维护工作的话，只需要将AD DS服务停止即可，不需重新启动计算机来进入**目录服务还原模式**，如此不但可以让AD DS数据库的维护工作更容易、更快完成，而且其他服务也不会被中断。完成维护工作后再重新启动AD DS服务即可。

在AD DS服务停止的情况下，只要还有其他域控制器在线，则仍然可以在这台AD DS服务已经停止的域控制器上利用域用户账户登录。如果没有其他域控制器在线，则在这台AD DS服务已停止的域控制器上，默认只能够利用**目录服务还原模式**的系统管理员账户来进入**目录服务还原模式**。

1.1.12 Active Directory回收站

在旧版Windows系统中，系统管理员如果不小心将AD DS对象删除，如果要恢复被删除的对象会有很多先决条件，且操作复杂。例如误删组织单位的话，则其中所有对象都会被删除，此时虽然系统管理员可以进入**目录服务还原模式**来恢复被误删的对象，不过这种操作很耗费时间，而且在进入**目录服务还原模式**这段时间内，域控制器会暂时停止对客户端提供服务。Windows Server 2016具备**Active Directory回收站**功能，它让系统管理员不需要进入**目录服务还原模式**，就可以恢复被删除的对象。

1.1.13 AD DS的复制模式

域控制器之间在复制AD DS数据库时，分为以下两种复制模式：

↘ **多主机复制模式**（multi-master replication model）：AD DS数据库内的大部分数据是利用此模式进行复制的。在此模式下，可以直接更新任何一台域控制器内的AD DS对象，之后这个更新过的对象会被自动复制到其他域控制器。例如当在任何一台域控制器的AD DS数据库内新建一个用户账户后,此账户会自动被复制到域内的其他域控制器。

↘ **单主机复制模式**(single-master replication model):AD DS数据库内少部分数据是采用**单主机复制模式**来复制的。在此模式下,当提出更改对象数据的请求时,会由其中一台域控制器(被称为**操作主机**)负责接收与处理此请求,也就是说该对象是先被更新在**操作主机**,再由**操作主机**将它复制给其他域控制器。例如添加或删除一个域时,这个更改信息会先被写入到扮演**域命名操作主机**角色的域控制器内,再由它复制给其他域控制器(见第10章)。

1.1.14 域中的其他成员计算机

如果要完全管理网络内的计算机,请将它们加入域。用户在域成员计算机上才能利用AD DS数据库内的域用户账户来登录,在未加入域的计算机上只能够利用本地用户账户登录。域中的成员计算机包含:

↘ 成员服务器(member server),例如:

■ Windows Server 2016 Datacenter/Standard/Essentials

■ Windows Server 2012(R2)Datacenter/Standard

■ Windows Server 2008(R2)Datacenter/Enterprise/Standard

上述服务器级别的计算机加入域后被称为**成员服务器**,但成员服务器内并没有AD DS数据库,它们也不负责审核AD DS域用户名与密码,而是将其提交给域控制器来审核。未加入域的服务器被称为**独立服务器**或**工作组服务器**。但不论是独立服务器还是成员服务器都有**本地安全账户数据库**(SAM),系统可以利用它来审核本地用户(非AD DS域用户)的身份。

↘ 其他常用的Windows计算机,例如:

■ Windows 10 Enterprise/Pro/Education

■ Windows 8.1(8)Enterprise/Pro

■ Windows 7 Ultimate/Enterprise/Professional

■ Windows Vista Ultimate/Enterprise/Business

当上述客户端计算机加入域以后,用户就可以在这些计算机上利用AD DS内的用户账户来登录,否则只能够利用本地用户账户来登录。

注意

其他入门级的客户端计算机(例如Windows 10 Home)无法加入域。

可以将Windows Server 2016、Windows Server 2012(R2)、Windows Server 2008(R2)

等独立或成员服务器升级为域控制器，也可以将域控制器降级为独立或成员服务器。

1.1.15　DNS服务器

　　域控制器需要将自己注册到DNS服务器内，以便让其他计算机通过DNS服务器来找到这台域控制器，因此域环境需要有可支持AD DS的DNS服务器。此服务器最好支持**动态更新**（dynamic update）功能，以便当域控制器的角色发生变化或域成员计算机的IP地址等数据发生变化时，可以自动更新DNS服务器内的记录。

1.1.16　轻型目录访问协议（LDAP）

　　LDAP（Lightweight Directory Access Protocol）是一种用来查询与更新AD DS的目录服务通信协议。AD DS利用**LDAP名称路径**（LDAP naming path）来表示对象在AD DS内的位置，以便用它来访问AD DS对象。**LDAP名称路径**包含：

- ↘ **Distinguished Name（DN）**：它是对象在AD DS内的完整路径，例如图1-1-7中的用户账户名称为**林小洋**，其DN为：
- ↘ CN=林小洋,OU=业务一组,OU=业务部,DC=sayms,DC=local
- ↘ 其中DC（domain component）表示DNS域名中的组件，例如sayms.local中的sayms与local；OU为组织单位；CN为common name。除了DC与OU之外，其他都是利用CN来表示，例如用户与计算机对象都是属于CN。上述DN表示法中的**sayms.local**为域名，**业务部、业务一组**都是组织单位。此DN表示账户**林小洋**是存储在**sayms.local\业务部\业务一组**路径内。
- ↘ **Relative Distinguished Name（RDN）**：RDN是用来代表DN完整路径中的部分路径，例如前述路径中，CN=林小洋与OU=业务一组等都是RDN。

图 1-1-7

除了DN与RDN这两个对象名称外，另外还有以下名称：

- **Global Unique Identifier（GUID）**：系统会自动为每一个对象分配一个唯一的、128位数值的GUID。虽然可以更改对象名称，但其GUID永远不会改变。
- **User Principal Name（UPN）**：每一个用户还可以有一个比DN更短、更容易记忆的UPN，如图1-1-7中的**林小洋**是隶属域sayms.local，则其UPN可为bob@sayms.local。用户登录时所输入账户名称最好使用UPN，因为无论此用户的账户被移动到哪一个域，其UPN都不会改变，因此用户可以一直用同一个名称来登录。
- **Service Principal Name（SPN）**：SPN是一个包含多重设置值的名称，它是根据DNS主机名建立的。SPN用来代表某台计算机所支持的服务，它让其他计算机可以通过SPN来与这台计算机的服务通信。

1.1.17　全局编录（Global Catalog）

虽然在域树内的所有域共享一个AD DS数据库，但其数据却是分散在各个域内的，而每一个域只存储该域本身的数据。为了让用户、应用程序能够快速找到位于其他域内的资源，因此在AD DS内设计了**全局编录**。一个林内的所有域树共享相同的**全局编录**。

全局编录的数据是存储在域控制器内的，这台域控制器可被称为**全局编录服务器**，它存储着林内所有域的AD DS数据库内的每一个对象，不过只存储对象的部分属性，这些属性都是常用的、用于查找对象的属性，例如用户的电话号码、登录名等。**全局编录**让用户即使不知道对象是位于哪一个域内，仍然可以快速地找到对象。

用户登录时，**全局编录服务器**还负责提供该用户所隶属的**通用组**信息；用户利用UPN登录时，它也负责提供该用户是隶属于哪一个域的信息。

1.1.18　站点（Site）

站点是由一或多个IP子网所组成，这些子网之间通过**高速且可靠的链路**连接在一起，也就是这些子网之间的连接速度要够快且稳定，否则就应该将它们分别规划为不同的站点。

一般来说，一个LAN（局域网）内的各个子网之间的链路都符合速度并且高可靠的要求，因此可以将一个LAN规划为一个站点；而WAN（广域网）内的各个LAN之间的连接速度一般都不快，因此WAN之中的各个LAN应分别规划为不同的站点，参见图1-1-8。

域是逻辑的（logical）分组，而站点则是物理的（physical）分组。在AD DS内一个站点可能包含多个域；而一个域内的各个计算机也可能分属于不同的站点。

图 1-1-8

如果一个域的域控制器分布在不同的站点中，而站点之间是慢速连接的话，由于不同站点的域控制器之间会互相复制AD DS数据库，因此要谨慎规划执行复制的时段，也就是尽量在离峰时段执行复制工作，同时复制的频率不要太高，以避免复制时占用站台之间的连接带宽，影响站点之间其他数据的传输效率。

同一个站点内的域控制器之间是通过快速链路连接在一起的，因此在复制AD DS数据时，可以实现快速复制。AD DS会设置让同一个站点内、隶属于同一个域的域控制器之间自动执行复制操作，并且默认的复制频率也要高于不同站点之间的域控制器。

不同站点之间在复制时所传送的数据会被压缩，以减少站点之间连接带宽的负担；但是同一个站点内的域控制器之间在复制时并不会压缩数据。

1.1.19　目录分区（Directory Partition）

AD DS数据库被逻辑的分为以下多个目录分区：

↳ **架构目录分区（Schema Directory Partition）**：它存储着整个林中所有对象与属性的定义数据，也存储着如何建立新对象与属性的规则。整个林内所有域共享一份相同的**架构目录分区**，它会被复制到林中所有域的所有域控制器。

↳ **配置目录分区（Configuration Directory Partition）**：其中存储着整个AD DS的结构，例如有哪些域、有哪些站点、有哪些域控制器等信息。整个林共享一份相同的**配置目录分区**，它会被复制到林中所有域的所有域控制器。

↳ **域目录分区（Domain Directory Partition）**：每一个域各有一个**域目录分区**，其中存储着与该域有关的对象，例如用户、组与计算机等对象。每一个域各自拥有一份**域目录分区**，它只会被复制到该域内的所有域控制器，但并不会被复制到其他域的域控制器。

↘ **应用程序目录分区（Application Directory Partition）**：一般来说，**应用程序目录分区**是由应用程序所建立的，其中存储着与该应用程序有关的数据。例如由Windows Server 2016扮演的DNS 服务器，如果所建立的DNS区域为**Active Directory集成区域**的话，则它会在AD DS数据库内建立**应用程序目录分区**，以便存储该区域的数据。**应用程序目录分区**会被复制到林中的特定域控制器，而不是所有的域控制器。

1.2　域功能级别与林功能级别

AD DS将域与林划分为不同的功能级别，每个级别各有不同的功能与限制。

1.2.1　域功能级别（Domain Functionality Level）

Active Directory域服务（AD DS）的**域功能级别**设置只会影响到该域而已，不会影响到其他域。**域功能级别**分为以下几种模式：

↘ **Windows Server 2008**：域控制器为Windows Server 2008或新版。
↘ **Windows Server 2008 R2**：域控制器为Windows Server 2008 R2或新版。
↘ **Windows Server 2012**：域控制器为Windows Server 2012或新版。
↘ **Windows Server 2012 R2**：域控制器为Windows Server 2012 R2或新版。
↘ **Windows Server 2016**：域控制器为Windows Server 2016。

其中最新的**Windows Server 2016**级别拥有AD DS的所有功能。可以提升域功能级别，例如将**Windows Server 2012 R2**提升到**Windows Server 2016**。

1.2.2　林功能级别（Forest Functionality Level）

Active Directory域服务（AD DS）的**林功能级别**设置，会影响到该林内的所有域。**林功能级别**分为以下几种模式：

↘ **Windows Server 2008**：域控制器为Windows Server 2008或新版。
↘ **Windows Server 2008 R2**：域控制器为Windows Server 2008 R2或新版。
↘ **Windows Server 2012**：域控制器为Windows Server 2012或新版。
↘ **Windows Server 2012 R2**：域控制器为Windows Server 2012 R2或新版。
↘ **Windows Server 2016**：域控制器为Windows Server 2016。

其中最新的**Windows Server 2016**级别拥有AD DS的所有功能。可以提升林功能级别，例如将**Windows Server 2012 R2**提升到**WindowsServer 2016**。

表1-2-1中列出每一个林功能级别所支持的域功能级别。

表1-2-1

林功能级别	支持的域功能级别
Windows Server 2008	Windows Server 2008、Windows Server 2008 R2、Windows Server 2012、Windows Server 2012 R2、Windows Server 2016
Windows Server 2008 R2	Windows Server 2008 R2、Windows Server 2012、Windows Server 2012 R2、Windows Server 2016
Windows Server 2012	Windows Server 2012、Windows Server 2012 R2、Windows Server 2016
Windows Server 2012 R2	Windows Server 2012 R2、Windows Server 2016
Windows Server 2016	Windows Server 2016

1.3 Active Directory轻型目录服务

我们从前面的介绍已经知道AD DS数据库是一个符合LDAP规范的目录服务数据库，它除了可以用来存储AD DS域内的对象（比如用户账户、计算机账户等）之外，也提供**应用程序目录分区**，以便让支持目录访问的应用程序（directory-enabled application）可以将该程序的相关数据存储到AD DS数据库内。

然而前面所介绍的环境中，必须建立AD DS域与域控制器，才能够使用AD DS目录服务与数据库。为了让没有域的环境，也能够拥有与AD DS一样的目录服务，以便让支持目录访问的应用程序可以有一个目录数据库来存储数据，因此提供了一个称为**Active Directory轻型目录服务**（Active Directory Lightweight Directory Services，**AD LDS**）的服务。

AD LDS可以允许在计算机内建立多个目录服务的环境，每一个环境被称为是一个**AD LDS实例**（instance），每一个**AD LDS实例**分别拥有独立的目录配置与架构（schema），也分别拥有专用的目录数据库，以供支持目录访问的应用程序来使用。

如果要在Windows Server 2016内安装AD LDS角色：【单击左下角**开始**图标�013图标⮿服务器管理器⮿单击**仪表板**处的**添加角色和功能**⮿……⮿如图1-3-1所示选择**Active Directory轻型目录服务**⮿……】。之后就可以通过以下方法来建立**AD LDS实例**：【单击左下角**开始**图标⮿Windows管理工具⮿**Active Directory轻型目录服务安装向导**】，也可以通过【单击左下角**开始**图标⮿**Windows管理工具**⮿**ADSI编辑器**】来管理**AD LDS实例**内的目录配置、架构、对象等。

图 1-3-1

第2章　建立 AD DS 域

建立AD DS（Active Directory Domain Services）域后，就可以通过AD DS的强大功能提高网络管理效率，减轻网络管理人员的工作负担。

- 建立AD DS域前的准备工作
- 建立AD DS域
- 确认AD DS域是否正常
- 提升域与林功能级别
- 添加额外域控制器与RODC
- RODC阶段式安装
- 将Windows计算机加入或脱离域
- 在域成员计算机内安装AD DS管理工具
- 删除域控制器与域

2.1 建立AD DS域前的准备工作

建立AD DS域的方法，可以先安装一台服务器，然后将其升级（promote）为域控制器。在建立AD DS域前，请先确认以下的准备工作是否已经完成：

- 选择适当的DNS域名
- 准备好一台用来支持AD DS的DNS服务器
- 选择AD DS数据库的存储位置

2.1.1 选择适当的DNS域名

AD DS域名是采用DNS的架构与命名方式，因此请先为AD DS域取一个符合DNS格式的域名，例如sayms.local（以下均以虚拟的**顶级域名**.local为例来说明）。虽然域名可以在域建立完成后更改，不过步骤烦琐，因此请事先谨慎命名。

2.1.2 准备好一台支持AD DS的DNS服务器

在AD DS域中，域控制器会将自己所扮演的角色注册到DNS服务器内，以便让其他计算机通过DNS服务器来找到这台域控制器，因此需要一台DNS服务器，并且它需要支持SRV记录，同时最好支持**动态更新**、Incremental Zone Transfer与Fast Zone Transfer等功能：

- **SVR记录（Service Location Resource Record，SRV RR）**：域控制器需将其所扮演的角色注册到DNS服务器的SRV记录内，因此DNS服务器必须支持此类型的记录。Windows Server 的DNS服务器与BIND DNS服务器都支持此功能。
- **动态更新**：虽然不一定需要具备动态更新功能，但是强烈建议具备此功能，否则域控制器无法自动将自己注册到DNS服务器的SRV记录内，此时便需由系统管理员手动将数据输入到DNS服务器，如此势必增加管理负担。Windows Server 与BIND的DNS服务器都支持此功能。
- **Incremental Zone Transfer（IXFR）**：它让此DNS服务器与其他DNS服务器之间在执行**区域传送**（zone transfer）时，只会复制最新变动记录，而不是复制区域内的所有记录。它可提高复制效率、减少网络负担。Windows Server 与BIND的 DNS服务器都支持此功能。
- **Fast Zone Transfer**：它让DNS服务器可以利用**快速区域传送**将区域内的记录复制给其他DNS服务器。**快速区域传送**可对数据压缩、每一条传送消息内可包含多条记录。Windows Server与BIND的 DNS服务器都支持此功能。
  Windows Server 的DNS服务器默认已启用**快速区域传送**，但有些厂商的DNS服务器并不支持此功能，因此如果要通过**区域传送**将记录复制给不支持快速区域传送功能的DNS服务器的话，需禁用此功能（以Windows Server 2016为例）：【单击左下角**开始图标**⊞⟳**Windows 管理工具**⟳**DNS**⟳选中DNS服务器并右击⟳**属性**⟳如图2-1-1所示勾选**高级**选项卡下的**启用BIND辅助区域**】。

图 2-1-1

可以采用以下两种方式之一来搭建DNS服务器：

⬊ 在将服务器升级为域控制器时，同时让系统自动在这台服务器上安装 DNS服务器角色。系统还会自动在此DNS服务器内建立一个支持AD DS域的区域，例如AD DS域名为sayms.local，则其所自动建立的区域名称为sayms.local，并自动启用**安全**动态更新。

请先在这台即将成为域控制器与DNS服务器计算机上，清除其**首选DNS服务器**的IP地址或改为输入自己的IP地址（如图2-1-2所示），无论选择哪一种设置方式，升级时系统可以自动安装DNS服务器角色。

图 2-1-2

⬊ 使用现有DNS服务器或另外安装一台DNS服务器，然后在这台DNS服务器内建立用来支持AD DS域的区域，例如AD DS域名为sayms.local，则请自行建立一个名称为sayms.local的DNS区域，然后启用动态更新功能，如图2-1-3所示为选择**非安全**动态更新，如果它是**Active Directory集成区域**的话，则还可以选择**安全**动态更新。别忘了先在即将升级为域控制器的计算机上，将其**首选DNS服务器**的IP地址指定到这台DNS服务器。

图 2-1-3

附注 ✐

请通过【打开**服务器管理器**❏单击**仪表板**处的**添加角色和功能**❏……❏勾选**DNS服务器**❏……】的方法来安装DNS服务器，然后通过【单击左下角**开始**图标⊞❏**Windows 管理工具**❏**DNS**❏选中**正向查找区域**并右击❏**新建区域**】的方法来建立区域。

2.1.3　选择AD DS数据库的存储位置

域控制器需要利用磁盘空间来存储以下三个与AD DS有关的数据：

↘ **AD DS数据库**：用来存储AD DS对象
↘ **日志文件**：用来存储AD DS数据库的变动日志
↘ **SYSVOL文件夹**：用来存储域共享文件（例如与组策略有关的文件）

它们都必须被存储到本地磁盘内，并且SYSVOL文件夹需要位于NTFS磁盘分区内。建议将AD DS数据库与日志文件分别存储到不同的硬盘内，一方面是因为两块硬盘独立工作，可以提高工作效率，另一方面是因为分开存储，可以避免两份数据同时出现问题，以提高恢复AD DS数据库的能力。

应该将AD DS数据库与日志文件都存储到NTFS磁盘分区内，以便通过NTFS权限来增加这些文件的安全性，而系统默认是将它们都存储到Windows Server 2016的安装磁盘分区内（它是NTFS磁盘分区）。

如果要将AD DS数据库、日志文件或SYSVOL文件夹存储到另外一个NTFS磁盘分区，但计算机内目前并没有其他NTFS磁盘分区的话，可采用以下方法来建立NTFS磁盘分区：

- 如果磁盘内还有未划分的可用空间：此时可以利用【单击左下角**开始**图标⊞➪**Windows 管理工具➪计算机管理➪存储➪磁盘管理➪选中未配置的可用空间并右击**】的方法来建立一个新的NTFS磁盘分区。
- 利用**CONVERT**命令来转换现有磁盘分区：例如要将D:磁盘分区（FAT或FAT32）转换成NTFS磁盘的话，可执行**CONVERT D: /FS:NTFS**命令。如果该磁盘分区当前有文件正处于使用中的话，则系统无法立刻执行转换的工作，此时可以选择让系统在下次重新启动时再自动转换。

> **注意**
>
> AD DS数据库与日志文件的存储位置可以事后利用**ntdsutil**命令来更改（见第11章）。但如果要更改SYSVOL的存储位置的话，建议采用以下方法：删除域控制器的AD DS，然后在重新安装AD DS时指定新的存储位置。

2.2　建立AD DS域

以下利用图2-2-1来说明如何建立第1个林中的第1个域（根域）：我们将先安装一台Windows Server 2016服务器，然后将其升级为域控制器并建立域。我们也将搭建此域的第2台域控制器（Windows Server 2016）、第3台域控制器（Windows Server 2016）、一台成员服务器（Windows Server 2016）与一台加入AD DS域的Windows 10计算机。

图 2-2-1

建议利用Windows Server 2016 Hyper-V等提供虚拟环境的软件来搭建图中的网络环境。

如果是复制现有虚拟机的话，记得要执行Sysprep.exe并勾选**通用**。

附注 🖊

如果要对现有域升级的话，则林中的域控制器都必须是Windows Server 2008（含）以上的版本，而且需要先分别执行Adprep /forestprep与Adprep /domainprep命令来为林与域执行准备工作，此脚本文件位于Windows Server 2016安装包support\adprep文件夹中。其他升级步骤与操作系统升级的步骤类似。

我们要将图2-2-1左上角的服务器升级为域控制器（安装**Active Directory域服务**），因为它是第一台域控制器，因此这个升级操作会同时完成以下工作：

↘ 建立第一个新林;
↘ 建立此新林中的第一个域树;
↘ 建立此新域树中的第一个域;
↘ 建立此新域中的第一台域控制器。

换句话说，在建立图2-2-1中第一台域控制器dc1.sayms.local时，它就会同时建立此域控制器所隶属的域sayms.local、建立域sayms.local所隶属的域树，而域sayms.local也是此域树的根域。由于是第一个域树，因此它同时会建立一个新林，林名称就是第一个域树根域的域名sayms.local。域sayms.local就是整个林的**林根域**。

我们将通过添加服务器角色的方式，来将图2-2-1中左上角的服务器dc1.sayms.local升级为网络中的第一台域控制器。

STEP 1 请先在图2-2-1中左上角的服务器dc1.sayms.local上安装Windows Server 2016、将其计算机名称设置为dc1、IPv4地址等依照图所示来设置（图中采用TCP/IPv4）。注意将计算机名称设置为dc1即可，等升级为域控制器后，它会自动被改为dc1.sayms.local。

STEP 2 打开服务器管理器、单击仪表板处的添加角色和功能。

STEP 3 持续单击下一步按钮一直到图2-2-2中勾选**Active Directory域服务**、单击添加功能按钮。

图 2-2-2

STEP **4** 持续单击下一步按钮，直到**确认安装所选内容**界面中单击安装按钮。

STEP **5** 图2-2-3为完成安装后的界面，请单击**将此服务器提升为域控制器**。

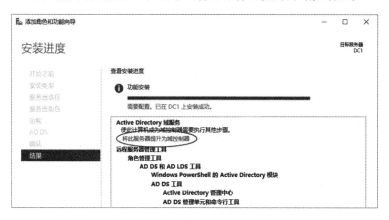

图 2-2-3

附注 🖊

如果在图**2-2-3**中直接单击关闭按钮，则之后要将其升级为域控制器的话，请如图**2-2-4**所示单击**服务器管理器**上方旗帜符号、单击**将此服务器提升为域控制器**。

图 2-2-4

STEP **6** 如图2-2-5所示选择**添加新林**、设置**林根域**名称（假设是sayms.local）、单击下一步按钮。

图 2-2-5

STEP **7**　　完成图2-2-6中的设置后单击 下一步 按钮:

> ↳ 选择林功能级别、域功能级别。此处我们所选择的林功能级别为Windows Server 2016，此时域功能级别只能选择Windows Server 2016。如果选择其他林功能级别的话，还可以选择其他域功能级别。
>
> ↳ 默认会直接在此服务器上安装DNS服务器。
>
> ↳ 第一台域控制器需要扮演**全局编录服务器**角色。
>
> ↳ 第一台域控制器不能是**只读域控制器**（RODC）。
>
> ↳ 设置**目录服务还原模式**的系统管理员密码: 目录服务还原模式（目录服务修复模式）是一个安全模式，进入此模式可以修复AD DS数据库，不过进入目录服务还原模式前需要输入此处所设置的密码（详见第11章）。

图 2-2-6

> **注意** 🔦
>
> 密码默认需至少7个字符，不能包含用户账户名称（指**用户SamAccountName**）或全名，还有至少要包含A - Z、a - z、0 - 9、非字母数字（例如!、$、#、%）等4组字符中的3组，例如123abcABC为有效密码，而1234567为无效密码。

STEP **8**　　出现图2-2-7的警告界面时，因为目前不会有影响，因此不必理会它，直接单击 下一步 按钮。DNS服务器的相关说明可参考《Windows Server 2016网络管理与架站》这本书。

图 2-2-7

STEP **9**   在图2-2-8中会自动为此域设置一个NetBIOS域名，也可以更改此名称。如果该
NetBIOS域名已被占用的话，安装程序会自动指定一个建议名称。完成后单击 下一步
按钮。

图 2-2-8

不支持DNS域名的旧版Windows系统（例如Windows 98、Windows NT），可以通过
NetBIOS域名来与此域通信。默认的NetBIOS名称为DNS域名第一个句点左侧的文字，
例如DNS域名为sayms.local，则NetBIOS域名为SAYMS。

STEP **10**   在图2-2-9中可直接单击 下一步 按钮：

↘ **数据库文件夹**：用来存储AD DS数据库。

↘ **日志文件文件夹**：用来存储AD DS数据库的更新日志，此日志文件可用来修复AD
DS数据库。

↘ **SYSVOL文件夹**：用来存储域共享文件（例如组策略相关的文件）。

图 2-2-9

如果计算机内有多块硬盘，建议将数据库与日志文件文件夹，分别设置到不同硬盘
内，因为两块硬盘分别工作可以提高工作效率，而且分开存储可以避免两份数据同
时出现问题，以提高修复AD DS数据库的能力。

STEP **11**   在**查看选项**界面中单击 下一步 按钮。

STEP **12**   在图2-2-10的界面中，若顺利通过检查的话，就直接单击 安装 按钮，否则请根据界面
提示先排除问题。安装完成后会自动重新启动。

图 2-2-10

完成域控制器的安装后，原本这台计算机的本地用户账户会被异动到AD DS数据库。另外由于它本身也是DNS服务器，因此会如图2-2-11所示自动将**首选DNS服务器**的IP地址改为代表自己的127.0.0.1。

图 2-2-11

附注

此计算机升级为域控制器后，它会自动在**Windows防火墙**中例外开放AD DS相关的端口，以便让其他计算机可以与此域控制器通信。

2.3 确认AD DS域是否正常

AD DS域建立完成后，我们来检查DNS服务器内的SRV与主机记录、域控制器内的SYSVOL文件夹、AD DS数据库文件等是否都已经正常的建立完成。

2.3.1 检查DNS服务器内的记录是否完备

域控制器会将其主机名、IP地址与所扮演角色等数据注册到DNS服务器，以便让其他计算机能够通过DNS服务器找到此域控制器，因此我们先检查DNS服务器内是否有这些记录。请利用域管理员（sayms\Administrator）登录。

1. 检查主机记录

首先检查域控制器是否已将其主机名与IP地址注册到DNS服务器内：【到兼具DNS服务器角色的dc1.sayms.local上单击左下角**开始**图标⊞➲**Windows 管理工具**➲**DNS**】，如图2-3-1所示会有一个sayms.local区域，图中**主机（A）**记录表示域控制器dc1.sayms.local已经正确地将其主机名与IP地址注册到DNS服务器内。

图 2-3-1

2. 利用 DNS 控制台检查 SRV 记录

如果域控制器已经正确将其所扮演角色注册到DNS服务器的话，则还会有如图2-3-2所示的 _tcp、_udp 等文件夹。图中_tcp文件夹右侧数据类型为**服务位置（SRV）**的_ldap记录，表示dc1.sayms.local已经成功地注册为域控制器。由图中的_gc记录还可以看出**全局编录服务器**的角色也是由dc1.sayms.local所扮演。

图 2-3-2

附注

LDAP服务器是用来提供AD DS数据库访问的服务器，而域控制器就是扮演LDAP服务器的角色。

DNS区域内有了这些数据后，其他要加入域的计算机，就可以通过此区域来得知域控制器为dc1.sayms.local。其他的域成员计算机（成员服务器、Windows 10等客户端计算机）默认也会将其主机与IP地址数据注册到此区域内。

域控制器不但会将自己所扮演的角色注册到_tcp、_sites等相关的文件夹内，还会另外注册到_msdcs文件夹。如果DNS服务器是在安装AD DS时同时安装的，则它除了会自动建立一个用来支持AD DS的区域（sayms.local）外，还会建立一个名称为_msdcs.sayms.local的区域，它是专供Windows Server域控制器来注册的，此时域控制器会将其信息注册到_msdcs.sayms.local区域内，而不是_msdcs文件夹。如图2-3-3所示为注册在_msdcs.sayms.local区域内的部分记录。

图 2-3-3

在完成第一个域的建立之后，系统就会自动建立一个名称为Default-First-Site-Name的站点（site），而我们所建立的域控制器默认也是位于此站点内，因此在DNS服务器内也会有这些记录，例如图2-3-4中位于此站点内扮演**全局编录服务器**（gc）、**Kerberos服务器**、**LDAP**

服务器等三个角色的域控制器都是dc1.sayms.local。

图 2-3-4

3. 利用 NSLOOKUP 命令检查 SRV 记录

可以利用**NSLOOKUP**命令来检查DNS服务器内的SRV记录。

STEP **1**　单击左下角**开始**图标⊞⇨Windows PowerShell。

STEP **2**　执行nslookup。

STEP **3**　输入**set type=srv**后按 Enter 键，表示要显示SRV记录。

STEP **4**　如图2-3-5所示输入**_ldap._tcp.dc._msdcs.sayms.local**后按 Enter 键，由图中可看出域控制器dc1.sayms.local已经成功地将其扮演LDAP服务器角色的信息注册到DNS服务器内。

```
管理员: Windows PowerShell                          —  □  ×
PS C:\Users\Administrator> nslookup    ←
DNS request timed out.
        timeout was 2 seconds.
默认服务器:  UnKnown
Address:  ::1

> set type=srv    ←
> _ldap._tcp.dc._msdcs.sayms.local    ←
服务器:  UnKnown
Address:  ::1

_ldap._tcp.dc._msdcs.sayms.local        SRV service location:
        priority       = 0
        weight         = 100
        port           = 389
        svr hostname   = DC1.sayms.local
DC1.sayms.local internet address = 192.168.8.1
> _
```

图 2-3-5

> **附注** ✏
>
> 界面中之所以会出现 "DNS request timed out…" 与"默认服务器：UnKnown"（可以不必理会这些消息），是因为nslookup会根据TCP/IP处的DNS服务器IP地址设置，来查询DNS服务器的主机名，但却查询不到。如果不想出现此消息，可将网络连接处的TCP/IPv6禁用，或修改TCP/IPv6设置为 "自动获取DNS服务器地址"，或在DNS服务器建立适当的IPv4/IPv6反向查找区域与PTR记录。

STEP **5**　　还可以利用更多类似的命令来查看其他SRV记录，例如利用**_gc._tcp.sayms.local**命令来查看扮演**全局编录服务器**的域控制器。可以利用**ls -t SRV sayms.local**命令来查看所有的SRV记录，不过需要事先在DNS服务器上将sayms.local区域的**允许区域传送**权限开放给查询计算机，否则查询会失败，并且会显示**Query refused**的警告消息。

2.3.2　排除注册失败的问题

如果因为域成员本身的设置有误或网络问题，造成它们无法将数据注册到DNS服务器的话，可在问题解决后，重新启动这些计算机或利用以下方法来手动注册：

↘　如果是某域成员计算机的主机名与IP地址没有正确注册到DNS服务器的话，此时可到此计算机上执行**ipconfig　/registerdns**来手动注册。完成后，到DNS服务器检查是否已有正确记录，例如域成员主机名为dc1.sayms.local，IP地址为192.168.8.1，则请检查区域sayms.local内是否有dc1的主机（A）记录、其IP地址是否为192.168.8.1。

↘　如果发现域控制器并没有将其所扮演的角色注册到DNS服务器内，也就是并没有类似前面图2-3-2中的_tcp等文件夹与相关记录时，请到这台域控制器上利用【单击左下角**开始图标**⊞⊃**Windows 管理工具**⊃**服务**⊃如图2-3-6所示选中**Netlogon**服务并右击⊃**重新启动**】的方式来注册。

图 2-3-6

　　域控制器默认会自动每隔24小时向DNS服务器注册一次。

2.3.3　检查AD DS数据库文件与SYSVOL文件夹

AD DS数据库文件与日志文件默认是存储在**%*systemroot*%\ntds**文件夹内，可以利用【按⊞+**R**键⊃输入**%*systemroot*%\ntds**⊃单击**确定**按钮】来检查文件夹与文件是否已经被正确地创建，如图2-3-7中的ntds.dit就是AD DS数据库文件，而edb.log、edb00001.log等扩展名为.log的文件是日志文件（扩展名默认会被隐藏）。

图 2-3-7

另外SYSVOL默认是被建立在%*systemroot*%\SYSVOL文件夹内，因此可以利用【按⊞+R键⊃输入%*systemroot*%\SYSVOL⊃单击确定按钮】的方式来检查，如图2-3-8所示。

图 2-3-8

图中SYSVOL文件夹之下会有4个子文件夹，sysvol与其中的scripts都被设置为共享文件夹。可以如图2-3-9所示利用**计算机管理**或如图2-3-10所示利用**netshare**命令，来检查它们是否已被设置为共享文件夹。

图 2-3-9

图 2-3-10

2.3.4　新增的管理工具

AD DS安装完成后，通过【单击左下角**开始**图标⊞➪**Windows管理工具**】可看到新增了一些AD DS的管理工具，例如**Active Directory用户和计算机**、**Active Directory管理中心**、**Active Directory站点和服务**等（如图2-3-11所示）。

图 2-3-11

2.3.5　查看事件日志文件

可以利用【单击左下角**开始**图标⊞➲**Windows管理工具**➲**事件查看器**】来查看事件日志文件，以便检查任何与AD DS有关的问题，例如在图2-3-12中可以利用**系统**、**Directory Service**、**DNS Server**等日志文件来检查。

图 2-3-12

2.4　提升域与林功能级别

我们在1.2节内已经解说过域与林功能级别，此处将介绍如何将现有的级别提高。可以通过【单击左下角**开始**图标⊞➲**Windows 管理工具**➲**Active Directory管理中心**➲单击域名**sayms（本地）**➲单击图2-4-1右方的**提升林功能级别…**或**提升域功能级别…**】的方法来提升级别。

图 2-4-1

也可以通过【单击左下角**开始**图标➡**Windows 管理工具**➡**Active Directory域和信任关系**➡选中**Active Directory域和信任关系**并右击➡**提升林功能级别**】或【单击左下角**开始**图标➡**Windows 管理工具**➡**Active Directory用户和计算机**➡选中域名sayms.local并右击➡**提升域功能级别**】的方法。可参考表2-4-1来提升域功能级别。可参考表2-4-2来提升林功能级别。

表2-4-1

当前的域功能级别	可提升的级别
Windows Server 2008	Windows Server 2008 R2、Windows Server 2012、Windows Server 2012 R2、Windows Server 2016
Windows Server 2008 R2	Windows Server 2012、Windows Server 2012 R2、Windows Server 2016
Windows Server 2012	Windows Server 2012 R2、Windows Server 2016
Windows Server 2012 R2	Windows Server 2016

表2-4-2

当前的林功能级别	可提升的级别
Windows Server 2008	Windows Server 2008 R2、Windows Server 2012、Windows Server 2012 R2、Windows Server 2016
Windows Server 2008 R2	Windows Server 2012、Windows Server 2012 R2、Windows Server 2016
Windows Server 2012	Windows Server 2012 R2、Windows Server 2016
Windows Server 2012 R2	Windows Server 2016

这些提升信息会自动被复制到所有的域控制器，不过可能需要花费15秒或更久的时间。

2.5   新建额外域控制器与RODC

一个域内如果有多台域控制器的话，便可以拥有以下优势。

➢ **改善用户登录的效率**：同时有多台域控制器来对客户端提供服务的话，可以分担审核用户登录身份（账户名与密码）的负担，让用户登录的效率更高。

➢ **容错功能**：如果有域控制器发生故障的话，此时仍然可以由其他正常的域控制器来继续提供服务，因此对用户的服务并不会停止。

在安装额外域控制器（additional domain controller）时，需要将AD DS数据库由现有的域控制器复制到这台新的域控制器，然而如果数据库非常庞大的话，这个复制操作势必会增加网络负担，尤其是这台新域控制器是位于远程网络内。系统提供了两种复制AD DS数据库的方式：

➢ **通过网络直接复制**：如果AD DS数据库庞大的话，此方法会增加网络负担、影响网络效率。

↘ **通过安装媒体**：需要事先到一台域控制器内制作**安装媒体**（installation media），其中包含着AD DS数据库，接着将**安装媒体**复制到U盘、CD、DVD等介质或共享文件夹内。然后在安装额外域控制器时，要求安装向导到这个媒体内读取**安装媒体**内的AD DS数据库，这种方式可以大幅降低对网络所造成的影响。

若在**安装媒体**制作完成之后，现有域控制器的AD DS数据库内如果有最新的更改数据的话，这些少量数据会在完成额外域控制器的安装后，再通过网络自动复制过来。

2.5.1 安装额外域控制器

以下同时说明如何将图2-5-1中右上角dc2.sayms.local升级为额外域控制器（**可读写的域控制器**）、将右下角dc3.sayms.local升级为**只读域控制器**（RODC）。

图 2-5-1

STEP **1** 先在图2-5-1中的服务器dc2.sayms.local与dc3.sayms.local上安装Windows Server 2016、将计算机名称分别设置为dc2与dc3、IPv4地址等依照图所示来设置（图中采用TCP/IPv4）。注意将计算机名称分别设置为dc2与dc3即可，等升级为域控制器后，它们会分别自动被改为dc2.sayms.local与dc3.sayms.local。

STEP **2** 打开**服务器管理器**、单击**仪表板**处的**添加角色和功能**。

STEP **3** 持续单击 下一步 按钮，在图2-5-2中勾选**Active Directory域服务**、单击 添加功能 按钮。

图 2-5-2

STEP 4 持续单击 下一步 按钮，在**确认安装所选内容**界面中单击 安装 按钮。

STEP 5 图2-5-3为完成安装后的界面，请单击**将此服务器提升为域控制器**。

图 2-5-3

 附注

如果在图2-5-3中直接单击**关闭**按钮，则之后要将其升级为域控制器的话，请如图2-5-4
所示单击**服务器管理器**上方旗帜符号、单击**将此服务器提升为域控制器**。

图 2-5-4

STEP 6 在图2-5-5中选择**将域控制器添加到现有域**、输入域名sayms.local、单击 更改 按钮后输
入有权限添加域控制器的账户（sayms\ Administrator）与密码。完成后单击 下一步 按
钮：

图 2-5-5

> **注意**
>
> 只有Enterprise Admins或Domain Admins内的用户有权限建立其他域控制器。如果现在所登录的账户不是隶属于这两个组（例如我们现在所登录的账户为本地Administrator），则需要如前景图所示另外指定有权限的用户账户。

STEP 7　完成图2-5-6中的设置后单击 下一步 按钮：

↳ 选择是否在此服务器上安装DNS服务器（默认会）。

↳ 选择是否将其设置为**全局编录服务器**（默认会）。

↳ 选择是否将其设置为**只读域控制器**（默认不会），如果是安装dc3.sayms.local的话，请勾选此复选框。

↳ 设置**目录服务还原模式**的管理员密码（需要符合复杂性要求）。

图 2-5-6

STEP **8**　如果在图2 5-6中未勾选**只读域控制器（RODC）**，请直接跳到下一个步骤。如果是安装RODC的话，则会出现如图2-5-7所示的界面，在完成图中的设置后单击 下一步 按钮，然后跳到STEP **10**：

↘ **委派的管理员账户**：可通过 选择 按钮来选择被委派的用户或组，他们在这台RODC将拥有本地系统管理员的权限，并且如果采用阶段式安装RODC的话（后述），则他们也可将此RODC服务器**附加到**（attach to）AD DS数据库内的计算机账户。默认仅Domain Admins或Enterprise Admins组内的用户有权限管理此RODC与执行附加操作。

↘ **允许将密码复制到RODC的账户**：默认仅允许组Allowed RODC Password Replication Group内的用户的密码可以被复制到RODC（这个组默认并无任何成员）。可通过单击 添加 按钮来添加用户或组账户。

↘ **拒绝将密码复制到RODC的账户**：此处的用户账户，其密码会被拒绝复制到RODC。此处的设置优先于**允许将密码复制到RODC的账户**的设置。部分内置的组账户（例如Administrators、Server Operators等）默认已被列于此列表内。可以通过单击 添加 按钮来添加用户或组账户。

图 2-5-7

附注 🖉

在安装域中的第一台RODC时，系统会自动建立与RODC有关的组账户，这些账户会自动被复制给其他域控制器，不过可能需要花费一点时间，尤其是复制给位于不同站点的域控制器。之后在其他站点安装RODC时，若安装向导无法从这些域控制器得到这些组信息的话，它会显示警告信息，此时等这些组信息完成复制后，再继续安装这台RODC。

STEP **9**　如果不是安装RODC的话，会出现如图2-5-8所示的界面，请直接单击 下一步 按钮。

图 2-5-8

STEP 10   在图2-5-9中单击 下一步 按钮，它会直接从其他任何一台域控制器复制AD DS数据库。

图 2-5-9

STEP 11   在图2-5-10中可直接单击 下一步 按钮。

↘ **数据库文件夹**：用来存储AD DS数据库。

↘ **日志文件文件夹**：用来存储AD DS数据库的更改日志，此日志文件可被用来修复AD DS数据库。

↘ **SYSVOL文件夹**：用来存储域共享文件（例如组策略相关的文件）。

图 2-5-10

STEP 12   在**查看选项**界面中单击 下一步 按钮。

STEP 13   在图2-5-11界面中，如果顺利通过检查的话，就直接单击 安装 按钮，否则请根据界面提示先排除问题。

图 2-5-11

STEP 14　安装完成后会自动重新启动，请重新登录。

STEP 15　检查DNS服务器内是否有域控制器dc2.sayms.local与dc3.sayms.local的相关记录（参考前面2.3.1节**检查DNS服务器内的记录是否完备**）。

　　这两台域控制器的AD DS数据库内容是从其他域控制器复制过来的，而原本这两台计算机内的本地用户账户会被删除。

2.5.2　利用安装媒体来安装额外域控制器

　　我们将先到一台域控制器上制作**安装媒体**（installation media），也就是将AD DS数据库存储到**安装媒体**内，并将**安装媒体**复制到U盘、CD、DVD等媒体或共享文件夹内。然后在安装额外域控制器时，要求安装向导从**安装媒体**来读取AD DS数据库，这种方式可以大幅降低对网络所造成的负担。

1．制作安装媒体

　　请到现有的一台域控制器上执行**ntdsutil**命令来制作**安装媒体**：

↘　如果此安装媒体是要给**可读写域控制器**来使用的话，则需要到现有的一台**可读写域控制器**上执行**ntdsutil**命令。

↘　如果安装媒体是要给**RODC**（只读域控制器）来使用的话，则可以到现有的一台**可读写域控制器**或RODC上执行**ntdsutil**命令。

STEP 1　请到域控制器上利用域管理员的身份登录。

STEP 2　单击左下角**开始**图标田➪**Windows PowerShell**。

STEP **3**　　输入以下命令后按 Enter 键（操作界面可参考图2-5-12）：

```
ntdsutil
```

STEP **4**　　在**ntdsutil**：提示符下，执行以下命令：

```
activate  instance  ntds
```

它会将此域控制器的**AD DS**数据库设置为使用中。

STEP **5**　　在**ntdsutil**：提示符下，执行以下命令

```
ifm
```

STEP **6**　　在**ifm**：提示符下，执行以下命令：

```
create  sysvol  full  c:\InstallationMedia
```

这条命令假设是要将**安装媒体**的内容存储到C:\InstallationMedia文件夹。

附注 ✎

其中的**sysvol**表示要制作包含ntds.dit与SYSVOL的**安装媒体**；**full**表示要制作供可读写域控制器使用的**安装媒体**，如果是要制作供RODC使用的安装媒体的话，请将**full**改为**rodc**。

STEP **7**　　连续执行两次**quit**命令来结束**ntdsutil**。图2-5-12为部分的操作界面。

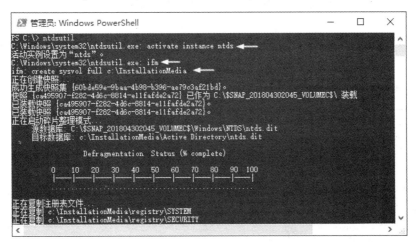

图 2-5-12

STEP **8**　　将整个C:\InstallationMedia文件夹内的所有数据复制到U盘、CD、DVD等媒体或共享文件夹内。

2. 安装额外域控制器

将包含**安装媒体**的U盘、CD或DVD拿到即将扮演额外域控制器角色的计算机上，或是将

其放到可以访问到的共享文件夹内。

由于利用**安装媒体**来安装额外域控制器的方法与前一节大致上相同，因此以下仅列出不同之处。以下假设**安装媒体**被复制到即将升级为额外域控制器的服务器的C:\InstallationMedia文件夹内：在图2-5-13中选择**指定从介质安装（IFM）选项**，并在**路径**处指定存储**安装媒体**的文件夹C:\InstallationMedia。

图 2-5-13

安装过程中会从**安装媒体**所在的文件夹C:\InstallationMedia复制AD DS数据库。如果在**安装媒体**制作完成之后，现有域控制器的AD DS数据库产生新的更新数据的话，这些少量数据会在完成额外域控制器安装后，再通过网络自动复制过来。

2.5.3 更改RODC的委派与密码复制策略设置

如果要更改密码复制策略设置或RODC管理工作的委派设置的话，请在打开**Active Directory用户和计算机**后：【如图2-5-14所示单击容器**Domain Controllers**右侧扮演RODC角色的域控制器⊃单击上方的**属性**图标⊃通过图2-5-15中的**密码复制策略**与**管理者**选项卡进行设置】。

图 2-5-14

也可以通过**Active Directory管理中心**来更改上述设置：打开**Active Directory管理中心**后，如图2-5-16所示【选择容器**Domain Controllers**界面中间扮演RODC角色的域控制器⊃单击右侧的**属性**⊃通过图2-5-17中的**管理者**小节与**扩展**小节中的**密码复制策略**选项卡进行设置】。

图 2-5-15

图 2-5-16

图 2-5-17

2.6 RODC阶段式安装

可以采用两个阶段的方式来安装RODC（只读域控制器），这两个阶段是分别由不同的用户来完成，这种安装方式通常是用来安装远程分公司所需的RODC。

↘ **第1阶段：建立RODC账户**
此阶段通常是在总公司内执行，并且只有域管理员（Domain Admins组的成员）才有权限来执行这一阶段的工作。在此阶段内，域管理员需要在AD DS数据库内为RODC建立计算机账户、设置选项、将第2阶段的安装工作委派给指定的用户或组。

↘ **第2阶段：将服务器附加到RODC账户**
此阶段通常是在远程分公司内执行，被委派的用户有权限在此阶段来完成安装RODC的工作。被委派的用户并不需要具备域管理员权限。如果没有委派其他用户或组的话，则默认只有Domain Admins或Enterprise Admins组内的用户有权限执行这个阶段的安装工作。
在此阶段内，被委派的用户需要在远程分公司将即将成为RODC的服务器**附加**（attach）到第1个阶段中所建立的计算机账户，便可完成RODC的安装工作。

2.6.1 建立RODC账户

一般来说，阶段式安装主要是用来在远程分公司（另外一个AD DS站点内）安装RODC，不过为了方便起见，本节以它是被安装到同一个站点内为例来说明，也就是默认的站点Default-First-Site-Name。以下步骤说明如何采用阶段式安装方式，来将图2-6-1中右下角的dc4.sayms.local升级为**只读域控制器**（RODC）。

图2-6-1

STEP **1**　请到现有的一台域控制器上利用域系统管理员身份登录。

STEP **2**　单击左下角**开始**图标田➲**Windows 管理工具**➲**Active Directory用户和计算机**➲如图2-6-2所示选中容器Domain Controllers并右击➲**预创建只读域控制器账户**（如果使用**Active Directory管理中心**的话，参考图2-6-3）。

图 2-6-2

图 2-6-3

STEP **3**　如图2-6-4所示勾选**使用高级模式安装**后单击 下一步 按钮。

图 2-6-4

STEP **4**　当前登录的用户为域Administrator，他有权限安装域控制器，故请在图2-6-5中点选中**我的当前登录凭据**后单击 下一步 按钮。

图 2-6-5

> **注意** 🔧
>
> 若当前登录的用户没有权限安装域控制器的话，请选中图中的**备用凭据**，然后通过单击 设置 按钮来输入有权限的用户名与密码。

STEP **5** 在图2-6-6中输入即将扮演RODC角色的服务器的计算机名称，例如dc4，完成后单击 下一步 按钮。

图 2-6-6

STEP **6** 在图2-6-7中选择新域控制器所在的AD DS站点，目前只有一个默认的站点Default-First-Site-Name。请直接单击 下一步 按钮。

图 2-6-7

STEP **7** 在图2-6-8中直接单击 下一步 按钮。由图中可知它会在此服务器上安装DNS服务器，同时会将其设置为**全局编录服务器**，并自动勾选**只读域控制器（RODC）**。

图 2-6-8

STEP **8** 通过图2-6-9来设置**指定密码复制策略**：图中默认仅允许组Allowed RODC Password Replication Group内的用户的密码可以被复制到RODC（此组内默认并无任何成员），并且一些重要账户（例如Administrators、Server Operators等组内的用户）的密码已明确地被拒绝复制到RODC。可以通过单击 添加 按钮来添加用户或组账户，单击 下一步 按钮。

图 2-6-9

> 附注 ✐
>
> 在安装域中的第1台RODC时，系统会自动建立与RODC有关的组账户，这些账户会自动被复制给其他域控制器，不过可能需要花费一点时间，尤其是复制给位于不同站点的域控制器。之后在其他站点安装RODC时，如果安装向导无法从这些域控制器得到这些组信息的话，它会显示警告信息，此时请这些组信息完成复制后，再继续安装这台RODC。

STEP **9** 在图2-6-10中将安装RODC的工作委派给指定的用户或组，图中将其委派给域（SAYMS）用户george。RODC安装完成后，该用户在这台RODC内会自动被赋予本地系统管理员的权限，单击 下一步 按钮。

图2-6-10

STEP **10** 接下来依次单击 下一步 按钮、完成 按钮，图2-6-11为完成后的界面。

图2-6-11

2.6.2 将服务器附加到RODC账户

STEP **1** 请在图2-6-1中右边的服务器dc4.sayms.local上安装Windows Server 2016、将其计算机名称设置为dc4、IPv4地址等依照图所示进行设置（此处采用TCP/IPv4）。请将其计算机名称设置为dc4即可，等升级为域控制器后，它会自动被改为dc4.sayms.local。

STEP **2**　　打开**服务器管理器**、单击**仪表板**处的添加角色和功能。

STEP **3**　　持续单击 下一步 按钮，在图2-6-12中勾选**Active Directory域服务**，单击 添加功能 按
钮。

图 2-6-12

STEP **4**　　持续单击 下一步 按钮，在**确认安装选项**界面中单击 安装 按钮。

STEP **5**　　图2-6-13为完成安装后的界面，请单击**将此服务器提升为域控制器**。

图 2-6-13

附注 🖊

如果在图2-6-13中直接单击关闭按钮，则之后要将其升级为域控制器的话，请单击**服务
器管理器**上方旗帜符号并单击**将此服务器提升为域控制器**。

STEP **6**　　在图2-6-14中选择**将域控制器添加到现有域**，输入域名sayms.local，单击 更改 按钮后
输入被委派的用户名称（sayms\george）与密码后单击 确定 按钮、下一步 按钮：

注意 🖱

可输入被委派的用户账户、Enterprise Admins或Domain Admins组内的用户账户。

图 2-6-14

接下来会出现如图2-6-15所示的界面，由于其计算机账户已经事先在AD DS内创建完成，因此会多显示图上方的两个选项。在选择默认的选项与设置**目录服务还原模式**的管理员密码后（需符合复杂性要求）单击下一步按钮。

图 2-6-15

STEP 8 在图2-6-16中单击下一步按钮，它会直接从其他任何一台域控制器复制AD DS数据库。

图 2-6-16

STEP 9 接下来的**路径**与**查看选项**界面中都可直接单击下一步按钮。

STEP 10 在如图2-6-17所示的界面中，如果顺利通过检查，就直接单击安装按钮，否则请根据界面提示先排除问题。

图 2-6-17

STEP 11 安装完成后会自动重新启动。请重新登录。

STEP 12 图2-6-18为完成后，通过**Active Directory用户和计算机**控制台所看到的界面，其中DC4图形上原本的向下箭头已消失。

图 2-6-18

2.7 将Windows计算机加入或脱离域

Windows计算机加入域后，便可以访问AD DS数据库与其他域资源，例如用户可以在这些计算机上利用域用户账户来登录域，并利用此账户来访问其他域成员计算机内的资源。以下是可以被加入域的计算机：

> ↘ Windows Server 2016 Datacenter/Standard
> ↘ Windows Server 2012（R2）Datacenter/Standard
> ↘ Windows Server 2008（R2）Datacenter/Enterprise/Standard
> ↘ Windows 10 Enterprise/Pro/Education
> ↘ Windows 8.1（8）Enterprise/Pro
> ↘ Windows 7 Ultimate/ Enterprise/Professional
> ↘ Windows Vista Ultimate/Enterprise/Business

2.7.1 将Windows计算机加入域

我们要将图2-7-1左下角的服务器ms1加入域，假设它是Windows Server 2016 Datacenter；同时也要将下方的Windows 10计算机加入域，假设它是Windows 10 Pro。以下利用服务器ms1（Windows Server 2016）来说明。

图 2-7-1

附注

加入域的客户端计算机，其计算机账户默认会自动被建立在Computers容器内，如果想将此计算机账户放置到其他容器或组织单位的话，可以事先在该容器或组织单位内建立此计算机账户。如果是使用**Active Directory用户和计算机**：【选中该容器或组织单位并右击➲新建➲计算机】，如果是使用**Active Directory管理中心**：【单击该容器或组织单位后➲单击右侧**任务**窗格的**新建➲计算机**】。

STEP **1** 请先将该台计算机的计算机名称设置为ms1、IPv4地址等设置为图2-7-1中所示。注意计算机名称设置为ms1即可，等加入域后，其计算机名称自动会被改为ms1.sayms.local。

STEP **2**   打开**服务器管理器**➲ 单击左侧**本地服务器**➲ 如图2-7-2所示单击中间**工作组**处的
WORKGROUP。

图 2-7-2

如果是Windows 10计算机的话：【单击下方的**文件资源管理器**图标 ➲ 选中**此电脑**并
右击➲**属性**➲单击右侧的**更改设置**➲……】。

如果是Windows 8.1计算机的话：【切换到**开始**菜单（可按Windows键 ）➲ 单击菜单
左下方 符号➲选中图2-7-3的**这台电脑**并右击➲单击下方**属性**➲……】。

图 2-7-3

如果是Windows 8计算机的话：【按 键切换到**开始**菜单➲选中空白处并右击➲单击**所
有应用**➲选中**计算机**右击➲单击下方**属性**➲……】。

如果是Windows Server 2008（R2）、Windows 7与Windows Vista的话：【开始➲选中
计算机并右击➲属性➲单击右下角的**更改设置**】。

附注 📝

　　因为Windows Vista（含）之后的系统默认已经启用**用户账户控制**，因此如果不是本地系统管理员的话，则此时系统会先要求输入本地系统管理员的密码。

STEP **3**　　单击图2-7-4中的更改按钮。

图 2-7-4

STEP **4**　　选择图2-7-5中的**域**➲输入域名sayms.local➲单击确定按钮➲输入域内任何一个用户账户与密码（此账户需要隶属于Domain Users组，图中使用Administrator）➲单击确定按钮（一般域用户账户只有10次将计算机加入域的机会，但是域系统管理员没有次数限制）。

图 2-7-5

注意 ✍

　　如果出现错误警告的话，请检查TCP/IPv4设置是否有误，尤其是**首选DNS服务器**的IPv4地址是否正确，以本范例来说应该是192.168.8.1。

STEP **5** 出现如图2-7-6所示的界面表示已经成功地加入域（其计算机账户会被建立在AD DS数据库内），请单击 确定 按钮。

图 2-7-6

> **注意** 🔖
>
> 若出现错误界面的话，请检查所输入的用户名称与密码是否正确。

STEP **6** 出现需要重启计算机的界面时单击 确定 按钮。

STEP **7** 回到图2-7-7可看出，加入域后，其完整计算机名称的后缀就会附上域名，如图中的 ms1.sayms.local，单击 关闭 按钮。

图 2-7-7

STEP **8** 依照界面提示重新启动计算机。

STEP **9** 请重复以上步骤将图2-7-1中的Windows 10计算机加入域。

2.7.2 利用已加入域的计算机登录

可以在已经加入域的计算机上，利用本机或域用户账户来登录。

1. 利用本地用户账户登录

出现登录界面时，如果要用本地用户账户登录的话，请在账户前输入计算机名称，如图

2-7-8所示ms1\administrator，其中ms1为计算机名称、administrator为用户账户名称，接着输入其密码就可以登录。

此时系统会利用本地安全数据库来检查账户与密码是否正确，如果正确，就能成功登录，也可以访问此计算机内的资源(如果有权限的话)，不过无法访问域内其他计算机的资源，除非在连接其他计算机时另外输入有权限的用户名称与密码。

图 2-7-8

2. 利用域用户账户登录

如果要使用域用户账户登录的话，请在账户前输入域名，如图2-7-9所示的sayms\administrator，表示要利用域sayms内的账户administrator来登录，接着输入其密码就可以登录（账户名称前面的域名也可以是DNS域名，例如sayms.local\Administrator）。

图 2-7-9

用户账户名称与密码会发送给域控制器，并利用AD DS数据库来检查账户与密码是否正确，如果正确，就可以成功登录，并且可以直接连接域内任何一台计算机与访问其中的资源（如果被赋予权限的话），不需要再另外手动输入用户名与密码。

2.7.3 脱机加入域

旧版本Windows客户端计算机要加入域的话，该计算机需要连接网络，而且必须能够直接与域控制器通信，从Windows 7开始的客户端计算机具备脱机加入域的功能（offline domain join），也就是让它们在并未与域控制器连接的情况下，就可以被加入域。我们需要通过**djoin.exe**程序来执行脱机加入域的程序。

先到一台已经加入域的计算机上，利用djoin.exe来创建一个文本文件，此文件内包含即将加入域的计算机所需的所有信息。接着到即将加入域的脱机计算机上，利用djoin.exe来将上述文件内的信息导入到此计算机内。

以下假设域名为sayms.local、一台已经加入域的成员服务器为ms1、即将脱机加入域的计算机为win10pc2。为了实际练习脱机加入域功能，请确认win10pc2是处于脱机状态。脱机将win10pc2加入域的步骤如下所示。

STEP **1**　到成员服务器ms1上利用域管理员身份登录，然后执行以下的djoin.exe程序（参考图2-7-10），它会创建一个文本文件，此文件内包含脱机计算机win10pc2所需的所有信息：

```
Djoin /provision /domain sayms.local /machine win10pc2 /savefile
win10pc2.txt
```

图 2-7-10

STEP **2**　其中sayms.local为域名、win10pc2为脱机计算机的计算机名称、win10pc2.txt为所创建的文本文件（图中的文件win10pc2.txt会被创建在C:\）。此命令默认会将计算机账户win10pc2创建到**Computers**容器内（如图2-7-11所示）。

图 2-7-11

STEP **3**　在即将加入域的脱机计算机win10pc2上利用djoin.exe来将上述文件内的信息导入到win10pc2。Windows 10计算机必须以系统管理员身份来执行此程序，因此请使用【单击左下角**开始**图标➲**Windows系统**➲选中**命令提示符**并右击➲**更多**➲**以管理员身份运行**】（Windows 10 1703版可使用【选中左下角**开始**图标⊞右击➲**Windows PowerShell（管理员）**】），然后执行以下命令（参见图2-7-12，图中假设我们已经将文件win10pc2.txt复制到计算机win10pc2的C:\）：

```
Djoin /requestODJ /loadfile C:\win10pc2.txt /windowspath %SystemRoot%
/localos
```

```
管理员: 命令提示符                                                    —   □   ×
Microsoft Windows [版本 10.0.10240]
(c) 2015 Microsoft Corporation. All rights reserved.

C:\Windows\system32>Djoin /requestODJ /loadfile d:\Win10pc2.txt /windowspath %SystemRoot% /localos
正在从以下文件加载预配数据: [d:\Win10pc2.txt]。

预配请求已成功完成。
需要重新启动才能应用更改。
操作成功完成。

C:\Windows\system32>
```

图 2-7-12

STEP **4**　当win10pc2连上网络并且可以与域控制器通信时，请重新启动win10pc2，它便完成了加入域的操作。

2.7.4　脱离域

脱离域的方法与加入域的方法大同小异，不过必须是Enterprise Admins、Domain Admins的成员或本地系统管理员才有权限将此计算机脱离域。还有因为从Windows 7开始的计算机默认已经启用**用户账户控制**，因此如果没有权限更改此设置的话，系统会先要求输入有权限的账户名称与密码。

脱离域的方法为（以Windows Server 2016为例）：【打开**服务器管理器**➲单击左侧**本地服务器**➲单击右侧**域**处的sayms.local➲单击 更改 按钮➲选择图2-7-13中的**工作组**➲输入适当的工作组名称（例如WORKGROUP）➲出现**欢迎加入工作组**界面时单击 确定 按钮➲重新启动计算机】。

接下来会出现如图2-7-14所示的提示界面：一旦脱离域后，在这台计算机上只能够利用本地用户账户来登录，无法再使用域用户账户，因此确认已掌握本

图 2-7-13

地系统管理员的密码后再单击**确定**按钮，否则单击**取消**按钮。

图 2-7-14

2.8 在域成员计算机内安装AD DS管理工具

非域控制器的Windows Server 2016、Windows Server 2012(R2)、Windows Server 2008(R2)等成员服务器与Windows 10、Windows 8.1(8)、Windows 7等客户端计算机内默认并没有管理AD DS的工具，例如**Active Directory用户和计算机**、**Active Directory管理中心**等，不过只要另外安装这些工具后，就可以在这些计算机上利用安装的工具来管理AD DS。

1. Windows Server 2016、Windows Server 2012(R2)成员服务器

Windows Server 2016、Windows Server 2012(R2)成员服务器可以通过**添加角色和功能**的方式来拥有AD DS管理工具：【打开**服务器管理器**➲单击**仪表板**处的**添加角色和功能**➲持续单击**下一步**按钮并在图2-8-1的**选择功能**界面时勾选**远程服务器管理工具**之下的**AD DS和AD LDS工具**】，安装完成后可以到**开始**菜单的**Windows 管理工具（系统管理工具）**来执行这些工具。

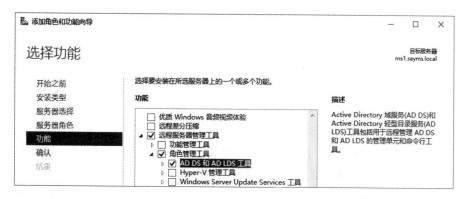

图 2-8-1

2. Windows Server 2008 R2、Windows Server 2008 成员服务器

Windows Server 2008 R2、Windows Server 2008成员服务器可以通过**添加功能**的方式来拥

有AD DS管理工具：【打开**服务器管理器**➲单击**功能**右侧的**添加功能**➲勾选图2-8-2中**远程服务器管理工具**之下的**AD DS和AD LDS工具】，安装完成后可以到**系统管理工具**中执行这些工具。

图2-8-2

3. Windows 10、Windows 8.1、Windows 8

Windows 10计算机需要到微软网站下载与安装Remote Server Administration Tools for Windows 10(Windows 10的远程服务器管理工具)，安装完成后可通过【单击左下角**开始**图标➲**Windows管理工具**】来选用**Active Directory管理中心**与**Active Directory用户和计算机**等工具。

Windows 8.1计算机需要到微软网站下载与安装Remote Server Administration Tools for Windows 8.1（Windows 8.1 的远程服务器管理工具），安装完成后可通过【按Windows键⊞切换到**开始**菜单➲单击菜单左下方⊙图标➲**管理工具**】来选用**Active Directory管理中心**与**Active Directory用户和计算机**等工具。

Windows 8计算机需要到微软网站下载与安装Remote Server Administration Tools for Windows 8（Windows 8的远程服务器管理工具），安装完成后可通过【按Windows键⊞切换到**开始**菜单➲**管理工具**】来选用这些工具。

4. Windows 7

Windows 7计算机需要到微软网站下载与安装Remote Server Administration Tools for Windows 7 with SP1（Windows 7 SP1的远程服务器管理工具），安装完成之后选用【**开始**➲**控制面板**➲单击最下方的**程序**➲单击最上方的**打开或关闭Windows功能**➲勾选图2-8-3中**远程服务器管理工具**之下的**Active Directory管理中心**】。完成之后，就可以在【**开始**➲**系统管理工具**】中来选用**Active Directory管理中心**与**Active Directory用户和计算机**等工具。

图 2-8-3

2.9 删除域控制器与域

可以通过降级的方式来删除域控制器，也就是将AD DS从域控制器中删除。在降级前请先注意以下事项：

↘ 如果域内还有其他域控制器存在，会被降级为该域的成员服务器，例如将图2-9-1中的 dc2.sayms.local降级时，由于还有另外一台域控制器dc1.sayms.local存在，因此dc2.sayms.local会被降级为域sayms.local的成员服务器。必须是Domain Admins或Enterprise Admins组的成员才有权限删除域控制器。

图 2-9-1

↘ 如果这台域控制器是此域内的最后一台域控制器，例如假设图2-9-1中的dc2.sayms.local已被降级，此时再将dc1.sayms.local降级的话，则域内将不会再有其他域控制器存在，因此域会被删除，而dc1.sayms.local也会被降级为独立服务器。

必须是Enterprise Admins组的成员，才有权限删除域内的最后一台域控制器（也就是删除域）。如果此域之下还有子域的话，请先删除该子域。

附注 ✏️

建议先将成员服务器dc2.sayms.local脱离域，因为域删除后，在这台dc2.sayms.local计算机上利用域账户就无法登录了。

↘ 如果此域控制器是**全局编录服务器**的话，请检查其所属站点（site）内是否还有其他**全局编录服务器**，如果没有的话，请先分配另外一台域控制器来扮演**全局编录服务器**，否则将影响用户登录，分配的方法为：【单击左下角**开始**图标⊞⊃**Windows 管理工具⊃Active Directory站点和服务⊃Sites⊃Default-First-Site-Name⊃Servers⊃选择服务器⊃选中NTDS Settings并右击⊃属性⊃勾选全局编录**】。

↘ 如果所删除的域控制器是林内最后一台域控制器的话，则林会一并被删除。Enterprise Admins组的成员才有权限删除这台域控制器与林。

移除域控制器的步骤如下所示：

STEP **1**　单击左下角**开始**图标⊞⊃**服务器管理器**⊃单击图2-9-2中**管理**菜单下的**删除角色和功能**。

图 2-9-2

STEP **2**　持续单击 下一步 按钮，在出现如图2-9-3所示的界面时，取消勾选**Active Directory域服务**，单击 删除功能 按钮。

图 2-9-3

STEP **3** 出现如图2-9-4所示的界面时，单击**将此域控制器降级**。

图 2-9-4

STEP **4** 如果当前用户有权限删除此域控制器的话，请在图2-9-5中直接单击 下一步 按钮，否则单击 更改 按钮来输入另一个账户与密码。

 附注

如果因故无法删除此域控制器的话（例如在移除域控制器时，需要连接到其他域控制器，但却无法连接），此时可勾选图中的**强制删除此域控制器**。

图 2-9-5

如果是最后1台域控制器，请勾选图2-9-6中**域中的最后一个域控制器**。

图 2-9-6

STEP **5**　在图2-9-7中勾选**继续删除**后单击 下一步 按钮。

图 2-9-7

STEP **6**　如果出现如图2-9-8所示界面的话，可选择是否要删除DNS区域与应用程序分区，后单击 下一步 按钮。

图 2-9-8

RODC：会有**保留域控制器元数据**选项供选择，此时可直接单击 下一步 按钮即可。

STEP **7**　在图2-9-9中为这台即将被降级为独立或成员服务器的计算机，设置其本地Administrator的新密码（需要符合密码复杂性要求）后单击 下一步 按钮。

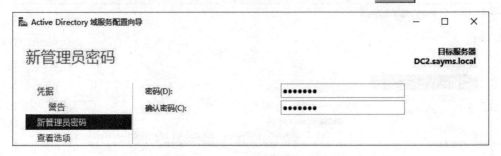

图 2-9-9

STEP **8**　在**查看选项**界面中单击 降级 按钮。

STEP **9**   完成后会自动重新启动计算机，再重新登录。

附注 ✎

虽然这台服务器已经不再是域控制器了，不过此时其**Active Directory域服务**组件仍然存在，并没有被删除，因此如果现在要再重新将其升级为域控制器的话，可以参考前面的说明。

STEP **10**   在**服务器管理器**中选择**管理**菜单下的**删除角色和功能**。

STEP **11**   持续单击下一步按钮，直到出现如图2-9-10所示的界面时，取消勾选**Active Directory域服务**，单击删除功能按钮。

图 2-9-10

STEP **12**   回到**删除服务器角色**界面时，确认**Active Directory域服务**已经被取消勾选（也可以一并取消勾选DNS服务器）后单击下一步按钮。

STEP **13**   出现**删除功能**界面时，单击下一步按钮。

STEP **14**   在**确认删除选项**界面中单击删除按钮。

STEP **15**   完成后，重新启动计算机。

第 3 章　域用户与组账户的管理

域系统管理员需要为每一个域用户分别创建一个用户账户，让他们可以利用这个账户登录域、访问网络上的资源。域系统管理员同时也需要了解如何有效利用组，以便高效地管理资源的访问。

- ⬎ 管理域用户账户
- ⬎ 一次同时新建多个用户账户
- ⬎ 域组账户
- ⬎ 组的使用原则

3.1　管理域用户账户

域系统管理员可以利用**Active Directory管理中心**或**Active Directory用户和计算机**控制台来建立与管理域用户账户。当用户利用域用户账户登录域后，便可以直接连接域内的所有成员计算机、访问有权限访问的资源。换句话说，域用户在一台域成员计算机上登录成功后，当他要连接域内的其他成员计算机时，并不需要再手动输入用户名与密码进行登录，这个功能被称为**单点登录**。

> **附注**
>
> 本地用户账户并不具备**单点登录**的功能，也就是说利用本地用户账户登录后，当要再连接其他计算机时，需要再手动输入用户名与密码进行登录。

在服务器还没有升级成为域控制器之前，原本位于其本地安全数据库内的本地用户账户，会在升级成域控制器后被异动到AD DS数据库内，并且是被存储到Users容器内的，可以通过**Active Directory管理中心**来查看，如图3-1-1中所示（可先单击上方的**树视图**图标），同时这台服务器的计算机账户会被存储到图中的组织单位Domain Controllers内。其他加入域的计算机账户默认会被存储到图中的Computers容器内。

图 3-1-1

也可以通过**Active Directory用户和计算机**来查看，如图3-1-2所示。

图 3-1-2

只有在建立域内的第1台域控制器时，该服务器原来的本地账户才会被转移到AD DS数据库，其他域控制器原有的本地账户并不会被转移到AD DS数据库，而是被删除。

3.1.1 创建组织单位与域用户账户

可以将用户账户创建到任何一个容器或组织单位内。以下假设要先建立名称为**业务部**的组织单位，然后在其内创建域用户账户mary。

创建组织单位**业务部**的方法为：【单击左下角**开始**图标⊞⊃**Windows 管理工具**⊃**Active Directory管理中心**（或**Active Directory用户和计算机**）⊃选中域名并右击⊃**新建**⊃**组织单位**⊃如图3-1-3所示输入组织单位名称**业务部**⊃单击确定按钮】。

图 3-1-3

> **注意** 🔦
>
> 图中默认已经勾选**防止意外删除**，因此无法直接将此组织单位删除，除非取消勾选此选项。如果是使用**Active Directory用户和计算机**的话：【选择**查看**菜单⊃**高级功能**⊃对着此组织单位并右击⊃**属性**⊃如图3-1-4所示取消勾选**对象**选项卡之下的**防止对象被意外删除**】。

图 3-1-4

在组织单位**业务部**内建立用户账户**mary**的方法为：【选中组织单位**业务部**并右击⊃新建⊃**用户**】。注意域用户的密码默认需至少7个字符，且不能包含用户账户名称（指**用户SamAccountName**）或全名（后述），还有至少要包含A~Z、a~z、0~9、非字母数字（例如!、$、#、%）等4组字符中的3组，例如123saymsSAYMS是有效的密码，而1234567是无效的密码。如果要更改此默认值的话，请参考第4章的说明。

3.1.2 用户登录账户

域用户可以到域成员计算机上（域控制器除外）利用两种账户名称来登录域，它们分别是图3-1-5中的**用户UPN登录**与**用户SamAccountName登录**。普通的域用户默认是无法在域控制器上登录的（可参考第4章进行设置）。

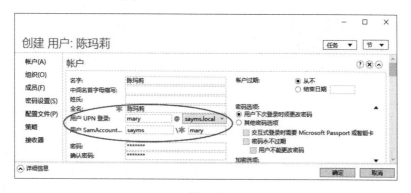

图 3-1-5

↘ **用户UPN登录**：UPN（User Principal Name）的格式与电子邮件账户相同，如前面图3-1-5中的mary@sayms.local，这个名称只能在隶属于域的计算机上登录域时使用（如图3-1-6所示）。整个林内，这个名称必须是唯一的。

图 3-1-6

UPN并不会随着账户被移动到其他域而改变，举例来说，用户mary的用户账户位于域sayms.local内，其默认的UPN为mary@sayms.local，之后即使此账户被移动到林中的另一个域内，例如域sayiis.local，其UPN仍然是mary@sayms.local，并没有被改变，因此mary仍然可以继续使用原来的UPN登录。

↘ **用户SamAccountName登录**：如前面图3-1-5中的sayms\mary，这是旧格式的登录账户。Windows 2000之前版本的旧客户端需要使用这种格式的名称来登录域。在隶属于域的Windows 2000（含）之后的计算机上也可以采用这种名称来登录，如图3-1-7所示。同一个域内，这个名称必须是唯一的。

图 3-1-7

> 附注 🖊
>
> 在**Active Directory**用户和计算机控制台内，上述用户**UPN登录**与用户**SamAccountName登录**分别被称为**用户登录名**与**用户登录名（Windows 2000以前版本）**。

3.1.3 创建UPN后缀

用户账户的UPN后缀默认是账户所在域的域名，例如用户账户是被建立在域sayms.local内，则其UPN后缀为sayms.local。在某些情况之下，用户可能希望能够改用其他替代后缀，例如：

- 因为UPN的格式与电子邮件账户相同，因此用户可能希望其UPN可以与电子邮件账户相同，以便让其不论是登录域或收发电子邮件，都可使用同一个名称。
- 如果域树状目录内有多层的子域，则域名会太长，例如sales.tw.sayms.local，如此UPN后缀也会太长，这将造成用户在登录时的不便。

可以通过添加UPN后缀的方式让用户拥有替代后缀，如下所示：

STEP 1 单击左下角**开始**图标⊞➲**Windows 管理工具**➲**Active Directory域和信任关系**➲如图3-1-8所示单击**Active Directory域和信任**后单击上方的**属性**图标。

图 3-1-8

STEP 2 在图3-1-9中输入替代的UPN后缀后单击**添加**按钮并单击**确定**按钮。后缀不一定需要DNS格式，例如可以是sayiis.local，也可以是sayiis。

图 3-1-9

完成后，就可以通过**Active Directory管理中心**（或**Active Directory用户和计算机**）控制台来更改用户的UPN后缀，如图3-1-10所示。

图 3-1-10

Windows Server 2016 Active Directory 配置指南

3.1.4 账户的常规管理工作

本节将介绍用户账户的常规管理工作，例如重置密码、禁用（启用）账户、移动账户、删除账户、更改登录名称与解除锁定等。可以如图3-1-11所示单击待管理的用户账户（例如图中的**陈玛莉**），然后通过右侧的选项来设置。

图 3-1-11

↘ **重置密码**：当用户忘记密码或密码使用期限到期时，系统管理员可以利用此处为用户设置一个新的密码。

↘ **禁用（或启用）**：如果某位员工因故在一段时间内无法来上班的话，可以先将该用户的账户禁用，等该员工回来上班后，再将其重新启用即可。如果用户账户已被禁用，则该用户账户图标上会有一个向下的箭头符号（例如图3-1-11中的用户账号**李小洋**）。

↘ **移动**：可以将账户移动到同一个域内的其他组织单位或容器。

↘ **重命名**：重命名以后（可通过【选中用户账户并右击⊃属性】的方法），该用户原来所拥有的权限与组关系都不会受到影响。例如当某员工离职时，可以暂时先将其用户账户禁用，等到新员工来接替他的工作时，再将此账户名称改为新员工的名称、重新设置密码、更改账户登录名称、修改其他相关个人信息，然后重新启用此账户。

完成用户账户新建之后，系统会为其建立一个唯一的安全标识符（security identifier，SID），而系统是利用这个SID来代表该用户，同时权限设置等都是通过SID来记录的，并不是通过用户名，例如某个文件的权限列表内，它会记录着哪些SID具备着哪些权限，而不是哪些用户名拥有哪些权限。

由于用户账户名或登录名更改后，其SID并没有被改变，因此用户的权限与组关系都不变。

可以通过双击用户账户或右侧的**属性**来更改用户账户名与登录名等相关设置。

↘ **删除账户**：如果这个账户以后再也用不到的话，就可以将此账户删除。将账户删除后，即使再新建一个相同名称的用户账户，这个新账户并不会继承原账户的权限与组关系，因为系统会给予这个新账户一个新的SID，而系统是利用SID来记录用户的权限与组关系，不是利用账户名称。因此对系统来说，这是两个不同的账户，当然就不会继承原账户的权限与组关系。

> **解锁账户**：我们可以通过**账户策略**来设置用户输入密码失败多次后，就将此账户锁定，而系统管理员可以利用以下方法来解锁：【双击该用户账户➋单击图3-1-12中的**解锁账户**（账户被锁定后才会有此选项）】。

图 3-1-12

3.1.5 域用户账户的属性设置

每一个域用户账户内都有一些相关的属性信息，例如地址、电话与电子邮件地址等，域用户可以通过这些属性信息来查找AD DS数据库内的用户，例如通过电话号码来查找用户，因此为了更容易找到所需要的用户账户，这些属性信息应该越完整越好。我们将通过**Active Directory管理中心**来介绍用户账户的部分属性，请先双击要设置的用户账户。

1. 组织信息的设置

组织信息就是指显示名称、职务、部门、地址、电话、电子邮件、主页等，如图3-1-13中**组织**区域所示，这部分的内容都很简单，请自行浏览这些字段。

图 3-1-13

2．账户过期的设置

我们可以如图3-1-14所示通过**账户**区域内的**账户过期**来设置账户的有效期限，默认为从不过期。如果要设置过期时间的话，选择**结束日期**，然后输入格式为yyyy/m/d的过期日期。

图 3-1-14

3．登录时间的设置

登录时间用来指定用户可以登录到域的时段，默认是任何时段都可以登录域。如果要更改设置的话，请单击图3-1-15中的**登录小时…**，然后通过前景图来设置。图中横轴每一方块代表一个小时，纵轴每一方块代表一天，填满方块与空白方块分别代表允许与不允许登录的时段，默认是开放所有的时段。选好时段后选择**允许登录**或**拒绝登录**来允许或拒绝用户在上述时段登录。

图 3-1-15

4．限制用户只能够通过某些计算机登录

普通的域用户默认可以利用任何一台域成员计算机（域控制器除外）来登录域，不过我们也可以通过以下方法来限制用户只可以利用某些特定计算机来登录域：【单击图3-1-16中

的**登录到…**⊃在前景图中选择**下列计算机**⊃输入计算机名称后单击 添加 按钮】，计算机名称可为NetBIOS名称（例如win10pc1）或DNS名称（例如win10pc1.sayms.local）。

图 3-1-16

3.1.6 搜索用户账户

AD DS将用户账户、组账户、计算机账户、打印机、共享文件夹等对象存储在AD DS数据库内，域系统管理员可以方便地在AD DS数据库中搜索与管理所需的用户账户。

如果要在某个组织单位（或容器）内来搜索用户账户的话，只要如图3-1-17所示【单击组织单位⊃在中间窗口上方输入要搜索的用户账户名称即可】，搜索到的用户账户会被显示在中间窗口的下方。如果要搜索的对象要包含此组织单位之下的组织单位的话，请单击右方**任务**窗口中的**在该节点下搜索**。

图 3-1-17

若要搜索整个域的话，请如图3-1-18所示【点选左侧的**全局搜索**⊃在中间窗口上方输入要搜索的用户账户名称⊃单击 搜索 按钮】。

图 3-1-18

也可以通过**全局编录服务器**来搜索位于其他域内的对象，不过需先将搜索范围更改为**全局编录搜索**，如图3-1-19所示。

图 3-1-19

也可以通过图3-1-20中的**概述**界面来执行全局搜索工作。

图 3-1-20

还可以进一步通过指定的条件来搜索用户账户，例如要搜索**业务部**内电话号码是空白的所有用户账户的话，则请如图3-1-21所示【单击组织单位**业务部**中的**添加标准**（如果未出现**添加标准**选项的话，先单击右上方的箭头符号˅）➲勾选**类型**➲单击**添加**按钮➲如图3-1-22所示在**类型**处选择**等于**，然后输入**用户**】。

图 3-1-21

图 3-1-22

接着如图3-1-23所示【单击**添加标准**⊃勾选**电话号码**⊃单击添加按钮⊃在图3-1-24中的**电话号码**旁选择**为空**】，系统便会显示**业务部**内电话号码属性值是空白的所有用户账户。

图 3-1-23

可以将所定义的查询（搜索）条件保存起来，也就是单击图3-1-25中的**保存**图标，然后为此查询命名，之后可以如图3-1-26所示通过此查询内所定义的条件来搜索。

图 3-1-24

图 3-1-25

图 3-1-26

如果要在没有安装**Active Directory管理中心**的成员服务器或其他成员计算机上查找AD DS对象的话，以Windows 10计算机为例：可以通过【打开**文件资源管理器**（可按⊞+X键⊃ 文件资源管理器）⊃单击左下方的**网络**⊃如图3-1-27所示单击上方**网络**下的**搜索Active Directory**】的方法（可能需要先启用网络发现）。

78

图 3-1-27

接着如图3-1-28所示在**查找**处选择**用户，联系人及组**、在**范围**处选择**整个目录**（也就是**全局编录**）或域名、在**名称**处输入要查找的名称后单击 开始查找 按钮，然后就可以从最下面的**搜索结果**来查看与管理所查找到的账户。

图 3-1-28

若要进一步通过特定条件来查找用户账户的话，例如如果要查找**业务部**内电话号码为空白的所有用户账户的话：【请如图3-1-29所示单击**高级**选项卡⊃通过**字段**来选择**用户**对象与**电话号码**属性⊃**条件**选择**不存在**⊃单击 添加 按钮⊃单击 开始查找 按钮】，可以同时设置多个查找条件。

图 3-1-29

3.1.7 域控制器之间数据的复制

如果域内有多台域控制器的话，则当更改AD DS数据库内的数据时，例如利用**Active Directory管理中心**（或**Active Directory用户和计算机**）来添加、删除、修改用户账户或其他对象，则这些变更数据会先被存储到所连接的域控制器，之后再自动被复制到其他域控制器。

可如图3-1-30所示【选中域名并右击➲**更改域控制器**➲**当前域控制器**】查看当前所连接的域控制器，例如图中的DC1.sayms.local，而此域控制器何时会将其最新更新信息复制给其他域控制器呢？可分为以下两种情况：

图 3-1-30

- ➘ **自动复制**：如果是同一个站点内的域控制器，则默认是15秒钟后会自动复制，因此其他域控制器可能等15秒或更久时间就会收到这些最新的信息；如果是位于不同站点的域控制器，则需要根据所设置的复制计划来确定（详见第9章）。
- ➘ **手动复制**：有时候可能需要手动复制，例如网络故障造成复制失败，这时不希望等到下一次的自动复制，而是能够立即复制。以下假设要从域控制器DC1复制到DC2。请到任意一台域控制器上【单击左下角**开始图标**➲**Windows 管理工具**➲**Active Directory站点和服务**➲**Sites**➲**Default-First-Site-Name**➲**Servers** ➲展开目标域控制器（DC2）➲如图3-1-31所示单击**NTDS Settings**➲选中右侧源域控制器（DC1）并右击➲**立即复制**】。

> **附注** 🖉
>
> 与**组策略**有关的设置会先被存储到扮演**PDC模拟器操作主机**角色的域控制器内，然后由**PDC模拟器操作主机**复制给其他的域控制器（见第10章）。

图 3-1-31

3.2 一次同时新建多个用户账户

如果是利用**Active Directory管理中心**（或**Active Directory用户和计算机**）的图形界面来新建大量用户账户的话，将花费很多时间来重复执行相同的创建账户操作。此时可以利用系统内置的工具程序**csvde.exe**、**ldifde.exe**或**dsadd.exe**等，以节省创建用户账户的时间。

↘ **csvde.exe**：可以利用它来新建用户账户（或其他类型的对象），但不能修改或删除用户账户。请事先将用户账户数据输入到纯文本文件（text file），然后利用csvde.exe将文件内的这些用户账户一次同时导入到AD DS数据库。

↘ **ldifde.exe**：可以利用它来新建、删除、修改用户账户（或其他类型的对象）。请事先将用户账户数据输入到纯文本文件内，然后利用ldifde.exe将文件内的这些用户账户一次同时导入到AD DS数据库。

↘ **dsadd.exe**、**dsmod.exe**与**dsrm.exe**：dsadd.exe用来新建用户账户（或其他类型的对象），dsmod.exe用来修改用户账户，dsrm.exe用来删除用户账户。这里需要建立批处理文件，然后利用这3个程序将要新建、修改或删除的用户账户输入到此批处理文件。

以csvde.exe与ldifde.exe这两个程序来说，请先利用可以编辑纯文本文件的程序（例如**记事本**）来将用户账户数据输入到文件内：

↘ 需要指明用户账户的存储路径（distinguished name，DN）

↘ 需要包含对象的类型，例如user

↘ 需要包含"用户SamAccountName登录"账户

↘ 应该要包含"用户UPN登录"账户

↘ 可以包含用户的其他信息，例如电话号码、地址等

↘ 无法设置用户的密码

↘ 由于所建立的用户账户都没有密码，因此最好将用户账户禁用

3.2.1　利用csvde.exe来新建用户账户

我们将利用**记事本**（notepad）来说明如何建立供csvde.exe使用的文件，此文件的内容如图3-2-1所示。

图中第2行（含）以后都是要建立的每一个用户账户的属性数据，各属性数据之间利用逗号（，）隔开。第1行是用来定义第2行（含）以后相对应的每一个属性。例如第1行的第1个字段为DN（Distinguished Name），表示第2行开始每一行的第1个字段代表新对象的存储路径；又如第1行的第2个字段为objectClass，表示第2行开始每一行的第2个字段代表新对象的对象类型。

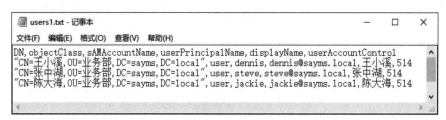

图 3-2-1

下面利用图3-2-1中的第2行数据进行说明，如表3-2-1所示。

表3-2-1

属性	值与说明
DN（distinguished name）	CN=王小溪，OU=业务部，DC=sayms，DC=local：对象的存储路径
objectClass	user：对象类型
sAMAccountName	dennis：**用户SamAccountName登录名**
userPrincipalName	dennis@sayms.local：**用户UPN登录名**
displayName	王小溪：显示名称
userAccountControl	514：表示禁用此账户（512表示启用）

文件建好后，打开**Windows PowerShell**，然后执行以下命令（参考图3-2-2），假设文件名为users1.txt，并且文件是位于C:\test文件夹内：

```
csvde  -i-f  c:\test\users1.txt
```

图 3-2-2

图3-2-3为执行后所建立的新账户，图中向下箭头符号表示账户被禁用。

图 3-2-3

3.2.2 利用ldifde.exe来新建、修改与删除用户账户

以下利用**记事本**来说明如何建立供ldifde.exe使用的文件，其内容类似于图3-2-4。

图 3-2-4

请参考图3-2-4来建立文件，如果此文件最后还要增加其他账户的话，请在减号之后至少空一行后再输入数据。注意保存时需如图3-2-5所示在**编码**处选择**Unicode**，否则文件内的中文字符在导入到AD DS数据库时会有问题。

图 3-2-5

完成后请打开Windows PowerShell，然后执行以下命令（参考图3-2-6），假设文件名为users2.txt，并且文件是位于C:\test文件夹内：

```
ldifde  -i-f  c:\test\users2.txt
```

图 3-2-6

如果要将数据导入到指定的域控制器的话，请加入 **-s** 参数，例如（此范例假设是要导入到域控制器dc1.sayms.local）：

```
ldifde -s  dc1.sayms.local  -i-f  c:\test\users2.txt
```

附注 🖉
csvde与ldifde命令的详细语法可利用csvde /?与ldifde /?来查看。

3.2.3　利用dsadd.exe等程序添加、修改与删除用户账户

以下利用**记事本**来说明如何建立批处理文件（batch file），然后将dsadd、dsmod与dsrm命令输入到此文件内，并利用它们来添加、修改与删除用户账户。此文件内容类似图3-2-7，图中针对这3个命令各给出一个示例。

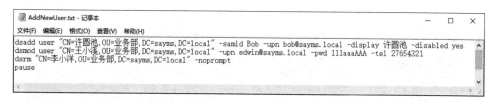

图 3-2-7

▲ 第1行dsadd命令：它用来新建一个位于**CN=许圆池,OU=业务部,DC=sayms,DC=local**的用户账户，其中的**-samid Bob**用来将其用户 **SamAccountName登录名**设置为 **Bob**、**-upnbob@sayms.local**用来将其**用户 UPN登录名**设置为**bob@sayms.local**、**-display 许圆池**用来将其显示名设置为**许圆池**、**-disabled yes**表示禁用此账户。

▲ 第2行dsmod命令：用来修改位于**CN=王小溪,OU=业务部,DC=sayms,DC=local**的用户账户，其中**-upnedwin@sayms.local**用来将其**用户 UPN登录名**更改为edwin@sayms.local、**-pwd111aaAA**用来将其密码更改为111aaAA、**-tel 27654321**用来将其电话号码更改为27654321。

▲ 第3行dsrm命令：用来删除位于**CN=李小洋,OU=业务部,DC=sayms,DC=local**的用户账户，其中的**–noprompt**表示不显示删除确认的界面。

▲ 最后一行的pause命令是为了让界面暂停，以便于查看命令执行的结果。

请参考图3-2-7来建立文件，注意保存时因为**记事本**默认会自动附加.txt的扩展名（系统默认会隐藏扩展名），然而我们必须将其存储成扩展名是.bat或.cmd的文件，因此保存时请如图3-2-8所示在文件名前后附加双引号，例如 "AddNewUser.bat"，否则其扩展名将是.txt。

图 3-2-8

完成后可通过直接在**文件资源管理器**内双击此批处理文件的方式来执行它，此时系统会依序执行此文件内的命令，如图3-2-9所示。

图 3-2-9

> Dsadd.exe、dsmod.exe与dsrm.exe等3个程序还有许多参数可以使用，其详细语法请利用 dsadd /?、dsmod /?与dsrm /?来查看。

3.3 域组账户

如果能善于利用组（group）来管理用户账户，则必定能够减轻许多网络管理负担。例如 当针对**业务部**组设置权限后，此组内的所有用户都会自动拥有此权限，因此就不需要单独针 对每一个用户进行配置了。

> 附注
>
> 组账户也都有唯一的安全标识符（security identifier，SID）。

3.3.1 域内的组类型

AD DS的域组分为以下两种类型，并且它们之间可以相互转换：

- ↘ **安全组**（security group）：它可以被用来分配权限，例如可以指定安全组对文件具备 **读取**的权限。它也可以用在与安全无关的工作上，例如可以给安全组发送电子邮 件。
- ↘ **发布组**（distribution group）：它被用在与安全（权限设置等）无关的工作上，例如 可以给发布组发送电子邮件，但是无法为发布组分配权限。

3.3.2 组的作用域

从组的使用范围（作用域）角度出发，域内的组分为以下三种（见表3-3-1）：本地域组 （domain local group）、全局组（global group）、通用组（universal group）。

1．本地域组

它主要是被用来分配对其所属域内资源的访问权限，以便可以访问该域内的资源。

↘ 其成员可以包含任何一个域内的用户、全局组、通用组；也可以包含相同域内的本地域组；但无法包含其他域内的本地域组。

↘ 本地域组只能够访问该域内的资源，无法访问其他不同域内的资源；换句话说在设置权限时，只能设置相同域内的本地域组的权限，无法设置其他不同域内的本地域组的权限。

表3-3-1

特性组	本地域组	全局组	通用组
可包含的成员	所有域内的用户、全局组、通用组；相同域内的本地域组	相同域内的用户与全局组	所有域内的用户、全局组、通用组
可以在哪一个域内被设置权限	同一个域	所有域	所有域
组转换	可以被转换成通用组（只要原组内的成员不包含本地域组即可）	可以被转换成通用组（只要原组不隶属于任何一个全局组即可）	可以被转换成域本地组；可以被换成全局组（只要原组内的成员不包含通用组即可）

2．全局组

它主要是用来组织用户，也就是可以将多个即将被赋予相同权限的用户账户，加入到同一个全局群组内。

↘ 全局组内的成员，只能够包含相同域内的用户与全局组。

↘ 全局组可以访问任何一个域内的资源，也就是说可以在任何一个域内设置全局组的权限（这个全局组可以位于任何一个域内），以便让此全局组具备权限来访问该域内的资源。

3．通用组

它可以在所有域内被设置访问权限，以便访问所有域内的资源。

↘ 通用组具备"通用范围"特性，其成员可以包含林中任何一个域内的用户、全局组、通用组。但是它无法包含任何一个域内的本地域组。

↘ 通用组可以访问任何一个域内的资源，也就是说可以在任何一个域内设置通用组的权限（这个通用组可以位于任何一个域内），以便让此通用组具备权限来访问该域内的资源。

3.3.3 域组的创建与管理

1. 组的新建、删除与重命名

如果新建域组时，可通过【单击左下角**开始**图标⊞⊃**Windows 管理工具**⊃**Active Directory管理中心**⊃展开域名⊃单击容器或组织单位⊃单击右侧任务窗格的**新建**⊃组】的方法，然后在图3-3-1中输入组名、输入供旧版操作系统来访问的组名、选择组类型与组作范围等。若要删除组的话：【选中组账户并右击⊃删除】。

图 3-3-1

2. 添加组的成员

如果要将用户、组等加入到组内的话：【如图3-3-2所示单击**成员**区域右侧的 添加 按钮⊃单击 高级 按钮⊃单击 立即查找 按钮⊃选择要被加入的成员（按 Shift 或 Ctrl 键可同时选择多个账户）⊃单击 确定 按钮⊃……】。

图 3-3-2

3.3.4 AD DS内置的组

AD DS有许多内置组，它们分别隶属于本地域组、全局组、通用组与特殊组。

1. 内置的本地域组

这些本地域组本身已被赋予一些权限，以便让其具备管理AD DS域的能力。只要将用户或组账户加入到这些组内，这些账户也会自动具备相同的权限。以下是Builtin容器内常用的本地域组。

- **Account Operators**：其成员默认可以在容器与组织单位内新建/删除/修改用户、组与计算机账户，不过部分内置的容器例外，例如Builtin容器与Domain Controllers 组织单位，同时也不允许在部分内置的容器内新建计算机账户，例如Users。他们也无法更改大部分组的成员，例如Administrators等。

- **Administrators**：其成员具备系统管理员权限，他们对所有域控制器拥有最大的控制权限，可以执行AD DS管理工作。内置系统管理员Administrator就是此组的成员，而且无法将其从此组内删除。

  此组默认的成员包含了Administrator、全局组Domain Admins、通用组Enterprise Admins等。

- **Backup Operators**：其成员可以通过Windows Server Backup工具来备份与还原域控制器内的文件，不论他们是否有权限访问这些文件。其成员也可以将域控制器关机。

- **Guests**：其成员无法永久改变其桌面环境，当他们登录时，系统会为他们建立一个临时的用户配置文件，而注销时此配置文件就会被删除。此组默认的成员为用户账户Guest与全局组Domain Guests。

- **Network Configuration Operators**：其成员可在域控制器上执行常规的网络配置工作，例如更改IP地址，但不可以安装、删除驱动程序与服务，也不能执行与网络服务器设置有关的工作，例如DNS与DHCP服务器的配置。

- **Performance Monitor Users**：其成员可监视域控制器的工作性能。

- **Pre-Windows 2000 Compatible Access**：此组主要是为了与Windows NT 4.0（或更旧的系统）兼容。其成员可以读取AD DS域内的所有用户与组账户。其默认的成员为特殊组Authenticated Users。请仅在用户的计算机是Windows NT 4.0或更旧的系统时，才将用户加入到此组内。

- **Print Operators**：其成员可以管理域控制器上的打印机，也可以将域控制器关机。

- **Remote Desktop Users**：其成员可从远程计算机通过远程桌面来登录。

- **Server Operators**：其成员可以备份与还原域控制器内的文件；锁定与解锁域控制器；将域控制器上的硬盘格式化；更改域控制器的系统时间；将域控制器关机等。

- **Users**：其成员仅拥有一些基本权限，例如执行应用程序，但是他们不能修改操作系统的设置、不能更改其他用户的数据、不能将服务器关机。此组默认的成员为全局组Domain Users。

2. 内置的全局组

AD DS内置的全局组本身并没有任何的权限，但是可以将其加入到具备权限的本地域组，或另外直接给此全局组分配权限。这些内置全局组是位于Users容器内。以下列出常用的全局组。

- **Domain Admins**：域成员计算机会自动将此组加入到其本地组Administrators内，因此Domain Admins组内的每一个成员，在域内的每一台计算机上都具备系统管理员权限。此组默认的成员为域用户Administrator。
- **Domain Computers**：所有的域成员计算机（域控制器除外）都会被自动加入到此组内。
- **Domain Controllers**：域内的所有域控制器都会被自动加入到此组内。
- **Domain Users**：域成员计算机会自动将此组加入到其本地组Users内，因此Domain Users内的用户将享有本地组Users所拥有的权限，例如拥有**允许本地登录**的权限。此组默认的成员为域用户Administrator，而以后新建的域用户账户都自动会隶属于此组。
- **Domain Guests**：域成员计算机会自动将此组加入到本地组Guests内。此组默认的成员为域用户账户Guest。

3. 内置的通用组

- **Enterprise Admins**：此组只存在于林根域，其成员有权管理林内的所有域。此组默认的成员为林根域内的用户Administrator。
- **Schema Admins**：此组只存在于林根域，其成员具备管理**架构**（schema）的权限。此组默认的成员为林根域内的用户Administrator。

3.3.5　特殊组账户

除了前面所介绍的组之外，还有一些特殊组，而用户无法更改这些特殊组的成员。以下列出几个常用的特殊组。

- **Everyone**：任何一个用户都属于这个组。如果Guest账户被启用的话，则在为Everyone分配权限时需要小心，因为如果一位在计算机内没有账户的用户，通过网络登录你的计算机时，他会被自动允许利用Guest账户来连接，此时因为Guest也是隶属于Everyone组，所以他将具备Everyone所拥有的权限。
- **Authenticated Users**：任何利用有效用户账户来登录此计算机的用户，都隶属于此组。
- **Interactive**：任何在本地登录（例如按 Ctrl + Alt + Del 登录）的用户，都隶属于此组。
- **Network**：任何通过网络登录此计算机的用户，都隶属于此组。
- **Anonymous Logon**：任何未利用有效的普通用户账户登录的用户，都隶属于此组。Anonymous Logon默认并不隶属于Everyone组。
- **Dialup**：任何利用拨接方式来连接的用户，都隶属于此组。

3.4 组的使用原则

为了让网络管理更加容易，同时也为了减少以后维护的负担，因此在利用组来管理网络资源时，建议尽量采用以下的原则，尤其是大型网络。

➘ A、G、DL、P原则

➘ A、G、G、DL、P原则

➘ A、G、U、DL、P原则

➘ A、G、G、U、DL、P原则

A代表用户账户（user Account）、G代表全局组（Global group）、DL代表本地域组（Domain Local group）、U代表通用组（Universal group）、P代表权限（Permission）。

3.4.1 A、G、DL、P原则

A、G、DL、P原则就是先将用户账户（A）加入到全局组（G）、再将全局组加入到本地域组（DL）内、然后设置本地域组的权限（P），如图3-4-1所示。以此图为例来说，只要针对图中的本地域组来设置权限，则隶属于该本地域组的全局组内的所有用户，都自动会备该权限。

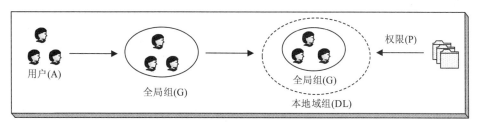

图 3-4-1

举例来说，如果甲域内的用户需要访问乙域内资源的话，则由甲域的系统管理员负责在甲域建立全局组、将甲域用户账户加入到此组内；而乙域的系统管理员则负责在乙域建立本地域组、设置此组的权限、然后将甲域的全局群组加入到此组内。之后由甲域的系统管理员负责维护全局组内的成员，而乙域的系统管理员则负责维护权限的设置，如此便可以分散管理工作的负担。

3.4.2 A、G、G、DL、P原则

A、G、G、DL、P原则就是先将用户账户（A）加入到全局组（G）、将此全局群加入到另一个全局组（G）内、再将此全局组加入到本地域组（DL）内、然后设置本地域组的权限（P），如图3-4-2所示。图中的全局组（G3）内包含了2个全局组（G1与G2），它们必须是

同一个域内的全局组，因为全局组内只能够包含位于同一个域内的用户账户与全局组。

图 3-4-2

3.4.3　A、G、G、U、DL、P 原则

图3-4-2中的全局组G1与G2若不是与G3在同一个域内，则无法采用A、G、G、DL、P原则，因为全局组（G3）内无法包含位于另外一个域内的全局组，此时需将全局组G3改为通用组，也就是需改用A、G、U、DL、P原则（如图3-4-3所示），此原则是先将用户账户（A）加入到全局组（G）、将此全局组加入到通用组（U）内、再将此通用组加入到域本地组（DL）内、然后设置本地域组的权限（P）。

图 3-4-3

3.4.4　A、G、G、U、DL、P 原则

A、G、G、U、DL、P原则与前面两种类似，在此不再重复说明。

也可以不遵循以上的原则来使用组，不过会有一些缺点存在，例如可以：

> 直接将用户账户加入到本地域组内，然后设置此组的权限。它的缺点是无法在其他域内设置此本地域组的权限，因为本地域组只能访问所属域内的资源。

> 直接将用户账户加入到全局组内，然后设置此组的权限。它的缺点是如果网络内包含多个域，而每个域内都有一些全局组需要对此资源具备相同的权限的话，则需要分别为每一个全局组设置权限，这种方法比较浪费时间，会增加网络管理的负担。

第4章　利用组策略管理用户工作环境

通过AD DS的**组策略**（group policy）功能，可以更容易管理用户工作环境与计算机环境、减轻网络管理负担、降低网络管理成本。

- ❯ 组策略概述
- ❯ 策略设置实例演练
- ❯ 首选项设置实例演练
- ❯ 组策略的处理规则
- ❯ 利用组策略来管理计算机与用户环境
- ❯ 利用组策略限制访问可移动存储设备
- ❯ WMI筛选器
- ❯ 组策略模型与组策略结果
- ❯ 组策略的委派管理
- ❯ 入门GPO的设置与使用

4.1 组策略概述

组策略是一个能够让系统管理员充分管理用户工作环境的功能，通过它来确保用户拥有符合要求的工作环境，也通过它来限制用户，如此不但可以让用户拥有适当的环境，也可以减轻系统管理员的管理负担。

4.1.1 组策略的功能

以下列举组策略所提供的主要功能：

- **账户策略的设置**：例如设置用户账户的密码长度、密码使用期限、账户锁定策略等。
- **本地策略的设置**：例如审核策略的设置、用户权限分配、安全配置等。
- **脚本的设置**：例如登录与注销、启动与关机脚本的设置。
- **用户工作环境的设置**：例如隐藏用户桌面上所有的图标、删除**开始**菜单中的**运行/查找/关机**等选项、在**开始**菜单中添加**注销**选项、删除浏览器的部分选项、强制通过指定的代理服务器上网等。
- **软件的安装与删除**：用户登录或计算机启动时，自动为用户安装应用软件、自动修复应用软件或自动删除应用软件。
- **限制软件的运行**：通过各种不同的软件限制规则来限制域用户只能运行特定的软件。
- **文件夹的重定向**：例如改变**文件**、**开始**菜单等文件夹的存储位置。
- **限制访问可移动存储设备**：例如限制将文件写入U盘，以免企业的机密文件轻易被带离公司。
- **其他众多的系统设置**：例如让所有的计算机都自动信任指定的CA（Certificate Authority）、限制安装设备驱动程序（device driver）等。

可以在AD DS中针对站点（site）、域（domain）与组织单位（OU）来设置组策略（如图4-1-1所示）。

组策略内包含**计算机配置**与**用户配置**两部分：

- **计算机配置**：当计算机启动时，系统会根据**计算机配置**的内容来设置计算机的环境。举例来说，如果针对域sayms.local设置了组策略，则此组策略内的**计算机配置**就会被应用到（apply）这个域内的所有计算机。
- **用户配置**：当用户登录时，系统会根据**用户配置**的内容来设置用户的工作环境。举例来说，如果针对组织单位**业务部**设置了组策略，则其中的**用户配置**就会被应用到这个组织单位内的所有用户。

图 4-1-1

除了可以针对站点、域与组织单位来设置组策略之外，还可以在每一台计算机上设置其**本地计算机策略**（local computer policy），这个计算机策略只会应用到本地计算机与在这台计算机上登录的所有用户。

4.1.2　组策略对象

组策略是通过**组策略对象**（Group Policy Object，GPO）来设置的，只要将GPO连接（link）到特定的站点、域或组织单位，此GPO内的设置值就会影响到该站点、域或组织单位内的所有用户与计算机。

1. 内置的 GPO

AD DS域有两个内置的GPO，它们分别如下。

↘ **Default Domain Policy**：此GPO默认已经被连接到域，因此其设置值会被应用到整个域内的所有用户与计算机。

↘ **Default Domain Controller Policy**：此GPO默认已经被连接到组织单位Domain Controllers，因此其设置值会被应用到Domain Controllers内的所有用户与计算机（Domain Controllers内默认只有域控制器的计算机账户）。

可以通过【单击左下角**开始**图标⊞⊃**Windows 管理工具**⊃**组策略管理**⊃如图4-1-2所示】的方法验证Default Domain Policy与Default Domain Controller Policy GPO分别已经被连接到域

sayms.local与组织单位Domain Controllers。

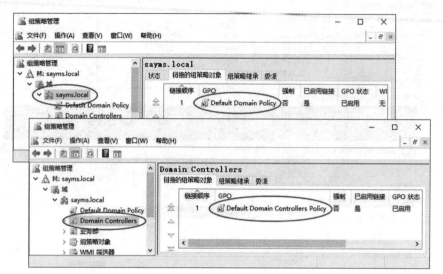

图 4-1-2

注意

在尚未彻底了解组策略以前，请暂时不要随意更改Default Domain Policy或Default Domain Controller Policy这两个GPO的设置值，以免影响系统运行。

---

2. GPO 的内容

GPO的内容被分为GPC与GPT两部分，它们分别被存储在不同的位置。

↘ **GPC**（Group Policy Container）：GPC是存储在AD DS数据库内，它记载着此GPO的属性与版本等数据。域成员计算机可通过属性来得知GPT的存储位置，而域控制器可利用版本来判断其所拥有的GPO是否为最新版本，以便作为是否需要从其他域控制器复制最新GPO设置的依据。

可以通过以下方法来查看GPC：【单击左下角**开始**图标⊞**⊃Windows 管理工具 ⊃Active Directory管理中心⊃**选择**树视图**图标**⊃**单击域（例如sayms）**⊃**展开容器 **System⊃**如图4-1-3所示单击**Policies**】，图中间圈起来的部分为Default Domain Policy 与Default Domain Controller Policy这两个 GPO的GPC，图中的数字分别是这两个 GPO的GUID（Global Unique Identifier）。

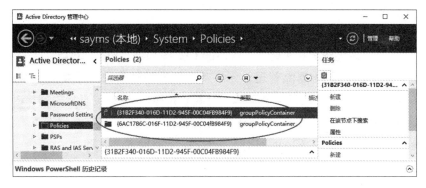

图 4-1-3

如果要查询GPO的GUID的话，例如要查询Default Domain Policy GPO的GUID，可以通过如图4-1-4所示【在**组策略管理**控制台中单击Default Domain Policy➲单击**详细信息**选项卡➲**唯一ID**】的方法。

图 4-1-4

↘ **GPT**（Group Policy Template）：GPT是用来存储GPO设置值与相关文件，它是一个文件夹，而且是被建立在域控制器的**%*systemroot*%\SYSVOL\sysvol\域名\Policies**文件夹内。系统是利用GPO的GUID来当作GPT的文件夹名称，例如图4-1-5中两个GPT文件夹分别是Default Domain Policy与Default Domain Controller Policy GPO的GPT。

图 4-1-5

> **附注** 🖉
>
> 每台计算机还有**本地计算机策略**，可以通过【按 ⊞+ R 键⮕输入**MMC**后单击 确定 按钮 ⮕单击**文件**菜单⮕**添加/删除管理单元**⮕点选**组策略对象编辑器**⮕依序单击 添加 、 完成 、 确定 按钮 】的方法建立管理**本地计算机策略**的工具(或直接按 ⊞+ R 键⮕输入 **gpedit.msc**后单击 确定 按钮)。本地计算机策略的设置数据是被存储在本地计算机的 *%systemroot%*\System32\ GroupPolicy文件夹内，它是隐藏文件夹。

4.1.3 策略设置与首选项设置

组策略的设置可分为**策略设置**与**首选项设置**两种：

- ⬎ 只有域的组策略才有**首选项设置**功能，本地计算机策略并无此功能。
- ⬎ **策略设置**是强制性设置，客户端应用这些设置后就无法改编（有些设置虽然客户端可以自行更改设置值，不过下次应用策略时，仍然会被改为策略内的设置值）；然而**首选项设置**是非强制性的，客户端可自行更改设置值，因此**首选项设置**适合于用来当作默认值。
- ⬎ 如果要筛选**策略设置**的话，必须针对整个GPO来筛选，例如某个GPO已经被应用到**业务部**，但是我们可以通过筛选设置来让其不要应用到**业务部**经理Mary，也就是整个GPO内的所有设置项目都不会被应用到Mary；然而**首选项设置**可以针对单一设置项目来筛选。
- ⬎ 如果在**策略设置**与**首选项设置**内有相同的设置项目，而且都已做了定义，但是其设置值却不相同的话，则以**策略设置**优先。
- ⬎ 要应用**首选项设置**的客户端需要安装支持**首选项设置**的Client-Side Extension（CSE）。Windows 7(含)之后的计算机已内不包含CSE，而Windows Vista SP1&SP2也可以通过安装**Microsoft远程服务器管理工具**（Remote Server Administration Tools，RSAT）来安装CSE。
- ⬎ 要应用**首选项**的客户端还需要安装XMLLite。Windows XP SP3(含)之后的计算机已不包含XMLLite。

4.1.4 组策略的应用时机

当修改了站点、域或组织单位的GPO设置值后，这些设置值并不是立刻就对用户与计算机生效，而是必须等GPO设置值被应用到用户或计算机后才有效。GPO设置值内的计算机设置与用户设置的应用时机并不相同。

1. 计算机配置的应用时机

域成员计算机会在以下的情况下应用GPO的计算机配置值：

↘ 计算机开机时会自动应用。

↘ 如果计算机已经开机的话，则会每隔一段时间自动应用：

■ 域控制器：默认是每隔5分钟自动应用一次。

■ 非域控制器：默认是每隔90~120分钟之间自动应用一次。

■ 不论策略设置值是否有变化，都会每隔16小时自动应用一次安全策略。

↘ 手动应用：到域成员计算机上打开Windows PowerShell窗口（或**命令提示符**）、执行 **gpupdate /target:computer /force**命令。

2. 用户配置的应用时机

域用户会在以下的情况下应用GPO的用户配置值：

↘ 用户登录时会自动应用。

↘ 如果用户已经登录的话，则默认会每隔90~120分钟之间自动应用一次。不论策略设置值是否发生变化，都会每隔16小时自动应用一次安全策略。

↘ 手动应用：到域成员计算机上打开Windows PowerShell窗口（或**命令提示符**）、执行 **gpupdate /target:user /force**命令。

> **附注** 🖉
>
> 1. 执行**gpupdate /force**会同时应用计算机配置与用户配置。
> 2. 部分策略设置可能需计算机重新启动或用户登录才生效，例如**软件安装策略**与**文件夹重定向策略**。

4.2 策略设置实例演练

在继续解释更高级的组策略功能之前，为了有一个比较清楚的概念，此处分别利用两个例子来练习GPO的**计算机配置**与**用户配置**中的**策略设置**。

4.2.1 策略设置实例演练一：计算机配置

系统默认是只有某些组（例如administrators）内的用户，才有权限在扮演域控制器角色的计算机上登录，而普通用户在域控制器上登录时，屏幕上会出现如图4-2-1所示的无法登录的警告消息，除非他们被赋予**允许本地登录**的权限。

图 4-2-1

以下假设要开放让域SAYMS内Domain Users组内的用户可以在域控制器上登录。我们将通过默认的Default Domain Controllers Policy GPO来设置，也就是要让这些用户在域控制器上拥有**允许本地登录**的权限。

> **注意**
>
> 1. 一般来说，域控制器等重要的服务器不应该开放普通用户登录。
> 2. 如果要在成员服务器、Windows 10等非域控制器的客户端计算机上练习的话，则以下步骤可省略，因为Domain Users默认已经在这些计算机上拥有**允许本地登录**的权限。

STEP **1**　请到域控制器上利用系统管理员身份登录。

STEP **2**　单击左下角**开始**图标⊞⮆**Windows 管理工具**⮆**组策略管理**。

STEP **3**　如图4-2-2所示【展开到组织单位**Domain Controllers**⮆选中右侧的**Default Domain Controllers Policy**并右击⮆**编辑**】。

图 4-2-2

STEP **4**　如图4-2-3所示【展开**计算机配置**⮆**策略**⮆**Windows设置**⮆**安全设置**⮆**本地策略**⮆**用户权限分配**⮆双击右侧的**允许本地登录**】。

图 4-2-3

STEP **5**　如图4-2-4所示【单击添加用户或组按钮➜输入或选择域SAYMS内的Domain Users组➜单击两次确定按钮】。由此图中可看出默认只有Account Operators、Administrators等组才拥有**允许本地登录**的权限。

图 4-2-4

　　完成后，必须等这个策略应用到组织单位Domain Controllers内的域控制器后才有效（见前一小节的说明）。等应用完成后，就可以利用任何一个域用户账户在域控制器上登录，以测试**允许本地登录**功能是否正常。

> **附注** 📝
>
> 如果域控制器是利用Hyper-V搭建的虚拟机，并且在**查看**处勾选了**增强会话**，由于此时是采用远程桌面连接来连接虚拟机的，因此请先利用**Active Directory管理中心**（或**Active Directory用户和计算机**）将Domain Users组加入Remote Desktop Users组，并执行gpedit.msc开放让Remote Desktop Users组具备**允许通过远程桌面服务登录**的权限（**计算机配置➲安全设置➲本地策略➲用户权限分配➲……**），否则域用户无法登录。

另外如果域内有多台域控制器的话，由于策略设置默认会先被存储到扮演**PDC模拟器操作主机**角色的域控制器（默认是域中的第1台域控制器），因此需要等待这些策略设置被复制到其他域控制器、然后再等这些策略设置值应用到这些域控制器。

> **附注** 📝
>
> 可以利用【单击左下角**开始**图标⊞➲**Windows 管理工具**➲**Active Directory用户和计算机**➲选中域名并右击➲**操作主机**➲**PDC**选项卡】来查看扮演**PDC模拟器操作主机**的域控制器。

系统可以利用以下两种方式来将**PDC模拟器操作主机**内的组策略设置复制到其他域控制器：

- **自动复制**：**PDC模拟器操作主机**默认是15秒后会自动将其复制出去，因此其他的域控制器可能需要等15秒或更久时间才会接收到此设置值。
- **手动复制**：假设**PDC模拟器操作主机**是DC1，而我们要将组策略设置手动复制到域控制器DC2。请在域控制器上【单击左下角**开始**图标⊞➲**Windows 管理工具**➲**Active Directory站点和服务**➲**Sites**➲**Default-First-Site-Name**➲**Servers**➲展开目标域控制器（DC2）➲**NTDS Settings**➲选中**PDC模拟器操作主机**（DC1）并右击➲**立即复制**】。

4.2.2 策略设置实例演练二：用户配置

假设域sayms.local内有一个组织单位**业务部**，而且已经限制他们需要通过企业内部的代理服务器上网（代理服务器proxy server的设置留待后面说明），而为了避免用户私自更改这些设置值，因此以下要将其**Internet选项**中**连接**选项卡内更改Proxy的功能禁用。

由于当前并没有任何GPO被连接到组织单位**业务部**，因此我们将先建立一个连接到**业务部**的GPO，然后通过修改此GPO设置值的方式来达到目的。

STEP **1** 请到域控制器上利用系统管理员身份登录。

STEP **2** 单击左下角**开始**图标⊞➲**Windows 管理工具**➲**组策略管理**。

STEP **3** 如图4-2-5所示【展开到组织单位**业务部**➲选中**业务部**并右击➲**在这个域中创建GPO并在此处链接**】。

图 4-2-5

也可以先通过【选中**组策略对象**并右击➲**新建**】的方法来建立新GPO，然后再通过【选中组织单位**业务部**并右击➲**链接现有GPO**】的方法来将上述GPO连接到组织单位**业务部**。

附注 ✐

若要备份或还原GPO的话：【选中组策略对象并右击➲**备份**或**从备份还原**】。

STEP 4　　在图4-2-6中为此GPO命名（例如**测试用的GPO**）后单击 确定 按钮。

图 4-2-6

STEP 5　　如图4-2-7所示选中这个新建的GPO并右击➲**编辑**。

图 4-2-7

STEP 6　　如图4-2-8所示【展开**用户配置**➲策略➲**管理模板**➲**Windows组件**➲**Internet Explorer**➲将右侧**阻止更改代理设置**改为**已启用**】。

图 4-2-8

STEP **7**　请利用**业务部**内的任何一位用户账户到任何一台域成员计算机上登录。

STEP **8**　按⊞+ R 键⊃输入control后按 Enter 键⊃**网络和Internet**⊃**Internet选项**⊃如图4-2-9所示
单击**连接**选项卡下的**局域网设置**按钮，从前景图可知无法更改这些设置。Windows 10
也可以通过【单击左下角**开始**图标⊞⊃单击**设置**图标◙⊃**网络和Internet网**⊃**代理**】的
方法来查看，如图4-2-10所示。

图 4-2-9

图 4-2-10

4.3　首选项设置实例演练

首选项设置并非强制性的，客户端可自行更改设置值，因此它适合用来当作默认值。

4.3.1　首选项设置实例演练一

我们要让位于组织单位**业务部**内的用户Peter登录时，其驱动器号Z会自动连接到\\dc1\tools共享文件夹，不过同样是位于**业务部**内的其他用户登录时不会有Z磁盘。我们要利用前面所建立的**测试用的GPO**来练习。

STEP **1**　请到域控制器dc1上利用系统管理员身份登录。

STEP **2**　打开**文件资源管理器**、建立文件夹tools，并将其设置为共享文件夹，然后为Everyone开放**读取/写入**的共享权限。

STEP **3**　单击左下角**开始**图标⊞➲**Windows 管理工具**➲**组策略管理**。

STEP **4**　在图4-3-1中选中组织单位**业务部**之下的**测试用的GPO**并右击➲**编辑**。

图 4-3-1

STEP **5**   如图4-3-2所示展开**用户配置**➪**首选项**➪**Windows设置**➪选中**驱动器映射**扩展项并右击
➪**新建**➪**映射驱动器**。

图 4-3-2

附注 📝

在**Windows设置**之下的**应用程序**、**驱动器映射**、**环境**等被称为**扩展**（extension）。

STEP **6**   在图4-3-3中的**操作**处选择**更新**、**位置**处输入共享文件夹路径\\dc1\ tools，使用Z磁盘来
连接此共享文件夹，勾选**重新连接**以便客户端每次登录时都会自动利用Z磁盘来连
接。其中的**操作**可以有以下的选择：

↘ **创建**：会在客户端计算机建立用来连接此共享文件夹的Z磁盘。

↘ **替换**：客户端如果已存在网络驱动器Z，则将其删除后改以此处的设置取代原来的Z:
磁盘。如果客户端不存在Z磁盘的话，则新建。

↘ **更新**：修改客户端的Z磁盘设置，例如修改客户端连接共享文件夹时所使用的用户账
户与密码。如果客户端不存在Z磁盘的话，则新建。此处我们选择默认的**更新**。

↘ **删除**：删除客户端的Z磁盘。

图 4-3-3

STEP 7   单击图4-3-4中**常用**选项卡、如图所示进行勾选:

↘ **如果发生错误,则停止处理该扩展中的项目**:如果在**驱动器映射**扩展内有多个设置项目的话,则默认是当系统在处理本项目时,如果发生错误,它仍然会继续处理下一个项目,但如果勾选此选项的话,它就会停止,不再继续处理下一个项目。

↘ **在登录用户的安全上下文中运行(用户策略选项)**:客户端CSE默认是利用本地系统账户身份来处理**首选项设置**的项目,这使得CSE只能访问可供本地计算机访问的环境变量与系统资源,而此选项可让CSE改用用户的登录身份来处理**首选项**的项目,如此CSE就可以访问本地计算机无权访问的资源或用户环境变量,例如此处利用网络驱动器Z来连接网络共享文件夹\\dc1\tools,就需要勾选此选项。

↘ **当不再应用项目时删除此项目**:当GPO被删除后,客户端计算机内与该GPO内**策略设置**有关的设置都会被删除,然而与**首选项**有关的设置仍然会被保留,例如此处的网络驱动器Z仍然会被保留。如果勾选此选项的话,则与此**首选项**有关的设置会被删除。

↘ **应用一次且不重新应用**:客户端计算机默认会每隔90分钟重新应用GPO内的**首选项设置**,因此如果用户自行更改设置的话,则重新应用后又会恢复为**首选项**内的设置值,如果希望用户能够保留自定义的设置值的话,请勾选此选项,此时它只会应用一次。

图 4-3-4

> **项目级别目标**：它让你针对每一个**首选项**项目来决定此项目的应用目标，例如可以选择将其只应用到特定用户或特定Windows系统。本示例只是要将设置应用到组织单位**业务部**内的单一用户Peter，故需勾选此选项。

STEP 8 单击前面图4-3-4中**常用**选项卡下的**目标**按钮，以便将此项目的应用对象指定到用户Peter，换句话说，此项目的**目标**为用户Peter。

STEP 9 在图4-3-5中【单击左上角的**新建项目**⇨选择**使用者**⇨在**用户**处浏览或选择将此项目应用到域SAYMS的使用者Peter后，单击**确定**按钮】。

图 4-3-5

STEP 10 回到**新建驱动器属性**界面时单击**确定**按钮。

STEP 11 图4-3-6右侧为刚才建立、利用Z磁盘来连接\\dc1\Tools共享文件夹的设置，这样的一个设置被称为一个**项目**（item）。

图 4-3-6

STEP **12** 到任何一台域成员计算机上利用组织单位**业务部**内的用户账户Peter登录、打开**文件资源管理器**，之后将如图4-3-7所示看到其Z磁盘已经自动连接到我们指定的共享文件夹。但是如果利用组织单位**业务部**内的其他用户账户登录的话，就不会有Z磁盘。

图 4-3-7

4.3.2 首选项设置实例演练二

以下假设要让组织单位**业务部**内的所有用户，必须通过企业内部的代理服务器（proxy server）上网。假设代理服务器的网址为proxy.sayms.local、端口号为8080、客户端所使用的浏览器为Internet Explorer 11或10。我们要利用前面所建立的**测试用的GPO**来练习。

STEP **1** 请到域控制器dc1上利用系统管理员身份登录。

STEP **2** 单击左下角**开始**图标⊞⊃**Windows 管理工具**⊃**组策略管理**。

STEP **3** 在图4-3-8中选中组织单位**业务部**之下的**测试用的GPO**并右击⊃**编辑**。

图 4-3-8

STEP **4** 如图4-3-9所示展开【**用户配置**⊃**首选项**⊃**控制面板设置**】，然后【选中**Internet设置**右击⊃**新建**⊃**Internet Explorer 10**】（也适用于Internet Explorer 11、Microsoft Edge客户端）。

图 4-3-9

STEP **5**　如图4-3-10所示单击**连接**选项卡下的 局域网设置 按钮。

图 4-3-10

STEP **6**　如图4-3-11所示勾选后【输入代理服务器的网址proxy.sayms.local、端口号码8080➲按
　　　　F5键➲单击两次 确定 按钮结束设置】。

注意

　　需要按F5键来启用此选项卡下的所有设置（设置项目下代表禁用的红色底线会转变成绿
　　色）；按F8键可停用此选项卡下的所有设置；如果要启用当前所在的项目的话，请按
　　F6键、禁用请按F7键。

图 4-3-11

STEP **7** 请利用**业务部**内任何一位用户账户到任何一台域成员计算机登录。

STEP **8** 按⊞+ R 键⮂输入control后按 Enter 键⮂网络和Internet⮂Internet选项⮂如图4-3-12所示单击**连接**选项卡下的 局域网设置 按钮，从前景图可知其Proxy服务器被指定到我们所设置的proxy.sayms.local、端口为8080，而且无法更改这些设置（这是之前练习的策略设置的结果。Windows 10的系统也可以通过【单击左下角**开始**图标⊞⮂单击**设置**图标⚙⮂网络和Internet⮂Proxy】的方法来查看，如图4-3-13所示。

图 4-3-12

图 4-3-13

4.4 组策略的处理规则

域成员计算机在处理（应用）组策略时有一定的程序与规则，系统管理员必须了解它们，才能够通过组策略来充分地掌控用户与计算机的环境。

4.4.1 一般的继承与处理规则

组策略设置是有继承性的，也有一定的处理规则：

↘ 如果在高层父容器的某个策略被设置，但是在其下低层子容器并未设置此策略的话，则低层子容器会继承高层父容器的这个策略设置值。

以图4-4-1为例，如果位于高层的域sayms.local的GPO内，**其从 [开始] 菜单中删除 [运行] 菜单策略被设置为已启用**，但位于低层的组织单位**业务部**的这个策略被设置为**没有定义**的话，则**业务部**会继承sayms.local的设置值，也就是**业务部**的从 **[开始] 菜单中删除 [运行] 菜单**策略是**已启用**。

图 4-4-1

如果组织单位**业务部**之下还有其他子容器，并且它们的这些策略也被设置为**未配置**的话，则它们也会继承这个设置值。

如果在低层子容器内的某个策略被设置的话，则此设置值默认会覆盖由其高层父容器所继承下来的设置值。

以图4-4-1为例，如果位于高层的域sayms.local的GPO内，其从 **[开始] 菜单中删除 [运行] 菜单**策略被设置为**已启用**，但是位于低层的组织单位**业务部**的这个策略被设置为**已禁用**，则业务部会覆盖sayms.local的设置值，也就是对组织单位**业务部**来说，其从 **[开始] 菜单中删除 [运行] 菜单**策略是**已禁用**。

组策略设置是有累加性的，例如如果在组织单位**业务部**内建立了GPO，同时在站点、域内也都有GPO，则站点、域与组织单位内的所有GPO设置值都会被累加起来作为组织单位业务部的最后有效设置值。

但如果站点、域与组织单位**业务部**之间的GPO设置发生冲突时，则优先级为：**组织单位的GPO**最优先、**域的GPO**次之、**站点的GPO**优先权最低。

如果组策略内的**计算机配置**与用户配置发生冲突的话，则以**计算机配置**优先。

如果将多个GPO连接到同一处，则所有这些GPO的设置会被累加起来作为最后的有效设置值，但如果这些GPO的设置相互冲突时，则以**连接顺序**在前面的GPO设置优先，例如图4-4-2中的**测试用的GPO**的设置优先于**防病毒软件策略**。

图 4-4-2

> **附注**
>
> **本地计算机策略**的优先级最低，也就是说如果**本地计算机策略**内的设置值与**站点、域或组织单位**的设置冲突时，则以站点、域或组织单位的设置优先。

4.4.2 例外的继承设置

除了一般的继承与处理规则外，还可以设置以下的例外规则。

1. 阻止继承策略

可以设置让子容器不要继承父容器的设置，例如若不要让组织单位**业务部**继承域

sayms.local的策略设置的话：请【如图4-4-3所示选中**业务部**并右击➡**阻止继承**】，此时组织单位**业务部**将直接以自己的GPO设置为其设置值，若其GPO内的设置为**未配置**的话，则采用默认值。

图 4-4-3

2. 强制继承策略

可以通过父容器来强制其下子容器必须继承父容器的GPO设置，不论子容器是否选用了**阻止继承**。例如若我们在图4-4-4中域sayms.local之下建立了一个GPO（**企业安全防护策略**），以便通过它来设置域内所有计算机的安全措施：【选中此策略并右击➡**强制**】来强制其下的所有组织单位都必须继承此策略。

图 4-4-4

3. 筛选组策略设置

以组织单位**业务部**为例，当针对此组织单位建立GPO后，此GPO的设置会被应用到这个组织单位内的所有用户与计算机，如图4-4-5所示默认是被应用到Authenticated Users组（身份经过确认的用户）。

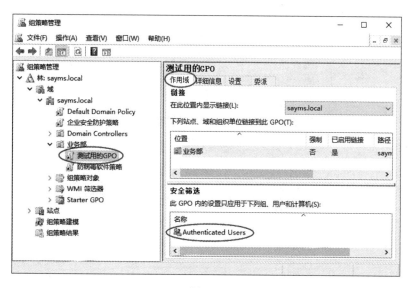

图 4-4-5

不过也可以让此GPO不要应用到特定的用户或计算机，例如此GPO对所有业务部人员的工作环境做了某些限制，但是却不想将此限制加在业务部经理上。位于组织单位内的用户与计算机，默认对该组织单位的GPO都具有**读取**与**应用组策略**权限，可以【如图4-4-6所示单击GPO（例如**测试用的GPO**）⮕单击**委派**选项卡⮕单击 高级 按钮⮕选择**Authenticated Users**】进行查看。

图 4-4-6

如果不想将此GPO的设置应用到组织单位**业务部**内的用户Peter的话：【请单击图4-4-6中的 添加 按钮⮕选择用户Peter⮕如图4-4-7所示将Peter的**应用组策略**权限设置为**拒绝**即可】。

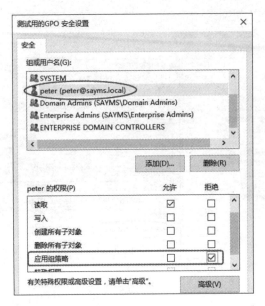

图 4-4-7

4.4.3 特殊的处理设置

这些特殊处理设置包含强制处理GPO、慢速连接的GPO处理、回送处理模式与禁用GPO等。

1. 强制处理 GPO

客户端计算机在处理组策略的设置时，会将不同类型的策略交给不同的DLL（Dynamic-Link Libraries）来负责处理与应用，这些DLL被称为Client-Side Extension（CSE）。不过CSE在处理其所负责的策略时，只会处理上次处理过后的最新改动策略，这种做法虽然可以提高处理策略的效率，但有时候却无法达到所期望的目标，例如在GPO内对用户做了某项限制，在用户因为这个策略而受到限制之后，如果用户自行将此限制删除，则当下一次用户计算机在应用策略时，客户端的CSE会因为GPO内的策略设置值并没有变动而不处理此策略，因而无法自动将用户自行更改的设置改回来。

解决方法是强制要求客户端CSE一定要处理指定的策略，不论该策略设置值是否发生变化。可以针对不同策略来个别设置。举例来说，假设要强制组织单位**业务部**内所有计算机必须处理（应用）**软件安装策略**的话：在**测试用的GPO**的设置界面中选用【**计算机配置⇒策略⇒管理模板⇒系统⇒**如图4-4-8所示双击**组策略**右侧的**配置软件安装策略处理⇒**选择已启用⇒勾选**即使尚未更改组策略对象也进行处理⇒**单击确定按钮】。

如果要手动让计算机来强制处理（应用）所有计算机策略设置的话，可以在计算机上执行**gpupdate /target:computer /force**命令；如果是用户策略设置的话，可以执行**gpupdate /target:user /force**命令；或利用**gpupdate /force**命令来同时强制处理计算机与用户设置。

图 4-4-8

2. 慢速连接的 GPO 处理

可以让域成员计算机自动检测其与域控制器之间的连接速度是否太慢，如果是的话，就不要应用位于域控制器内指定的组策略设置。除了图4-4-9中**配置注册表策略处理**与**配置安全策略处理**这两个策略之外（无论是否慢速连接都会应用），其他策略都可以设置为慢速连接不应用。

图 4-4-9

假设要求组织单位**业务部**内的每一台计算机都要自动检测是否为慢速连接：请在**测试用的GPO**的**计算机配置**界面中，如图4-4-10所示【双击**组策略**右侧的**配置组策略慢速链接检测**⊃选择已启用⊃在**连接速度**处输入慢速连接的定义值⊃单击 确定 按钮】，图中我们设置只要连接速度低于500 Kbps，就视为慢速。如果禁用或未配置此策略的话，则默认也是将低于500 Kbps视为慢速连接。

图 4-4-10

　　接下来假设组织单位**业务部**内的每一台计算机与域控制器之间即使是慢速连接，也需要应用**软件安装策略处理**策略，其设置方法与图4-4-8相同，不过此时需在前景图中勾选**允许通过慢速网络连接进行处理**。

3．环回处理模式

　　一般来说，系统会根据用户或计算机账户在AD DS内的位置，来决定如何将GPO设置值应用到用户或计算机。例如如果服务器SERVER1的计算机账户位于组织单位**服务器**内，此组织单位有一个名称为**服务器GPO**的GPO，而用户Jackie的用户账户位于组织单位**业务部**内，此组织单位有一个名称为**测试用的GPO**的GPO，则当用户Jackie在SERVER1上登录域时，在正常的情况下，他的用户环境是由**测试用的GPO**的**用户配置**来决定的，不过他的计算机环境是由**服务器GPO**的**计算机配置**来确定的。

　　然而如果在**测试用的GPO**的**用户配置**内，设置让组织单位**业务部**内的用户登录时，就自动为他们安装某个应用程序的话，则这些用户到任何一台域成员计算机上（包含SERVER1）登录时，系统将为他们在这台计算机内安装此应用程序，但是却不想为他们在这台重要的服务器SERVER1内安装应用程序，此时要如何来解决这个问题呢？可以启用**环回处理模式**（loopback processing mode）。

　　如果在**服务器GPO**启用了**环回处理模式**，则不论用户账户是位于何处，只要用户是利用组织单位**服务器**内的计算机（包含服务器SERVER1）登录，则用户的工作环境可改由**服务器GPO**的**用户配置**来确定，这样Jackie到服务器SERVER1登录时，系统就不会替他安装应用程序。**环回处理模式**分为两种模式：

> ↘ **替换模式**：直接改由**服务器GPO**的用户配置来确定用户的环境，而忽略**测试用的GPO**的用户配置。
>
> ↘ **合并模式**：先处理**测试用的GPO**的用户配置，再处理**服务器GPO**的用户配置，如果两者发生冲突，则以**服务器GPO**的用户配置优先。

假设我们要在**服务器GPO**内启用**环回处理模式**：请在**服务器GPO**的**计算机配置**界面中【如图4-4-11所示双击**组策略**右侧的**配置用户组策略环回处理模式**⊃选择**已启用**⊃在**模式**处选择**替换**或**合并**】。

图 4-4-11

4. 禁用 GPO

若有需要的话，可以将整个GPO禁用，或单独将GPO的**计算机配置**或**用户配置**禁用。以**测试用的GPO**为例说明：

> ↘ 如果要将整个GPO禁用的话，请如图4-4-12所示选中**测试用的GPO**并右击，然后取消勾选**已启用链接**。

图 4-4-12

↘ 如果要将GPO的**计算机配置**或用户配置单独禁用的话：先进入**测试用的GPO**的编辑
界面⊃如图4-4-13所示单击**测试用的GPO**⊃单击上方**属性**图标⊃勾选**禁用计算机配置**
设置或**禁用用户配置设置**。

图 4-4-13

4.4.4 更改管理GPO的域控制器

当新增、修改或删除组策略设置时，这些改动默认先被存储到扮演**PDC模拟器操作主机**
角色的域控制器，然后再由它将其复制到其他域控制器，域成员计算机再通过域控制器来应
用这些策略。

但如果系统管理员在上海，可是**PDC模拟器操作主机**却在远程的北京，此时上海的系统

管理员会希望其针对上海员工所设置的组策略，能够直接存储到位于上海的域控制器，以便上海的用户与计算机能够通过这台域控制器来快速应用这些策略。

可以通过**DC选项**与策略设置两种方式来将管理GPO的域控制器从**PDC模拟器操作主机**更改为其他域控制器：

⬊ **利用DC选项**：假设供上海分公司使用的GPO为**上海分公司专用GPO**，则请进入编辑此GPO的界面（**组策略对象编辑器**界面），然后如图4-4-14所示【单击**上海分公司专用GPO**⮕点选**查看**菜单⮕**DC选项**⮕在前景图中选择要用来管理组策略的域控制器】。图中选择域控制器的选项有以下三种：

图 4-4-14

- **具有PDC 模拟器操作主机令牌的域控制器**：也就是使用**PDC模拟器操作主机**，这是默认值，也是建议值。

- **Active Directory管理单元使用的域控制器**：当系统管理员执行**组策略对象编辑器**时，此**组策略对象编辑器**所连接的域控制器就是我们要选用的域控制器。

- **使用任何可用的域控制器**：此选项让**组策略对象编辑器**可以任意挑选一台域控制器。

⬊ **利用策略设置**：假设要针对上海系统管理员来设置。我们需要针对其用户账户所在的组织单位来设置：如图4-4-15所示进入编辑此组织单位的GPO界面（**组策略对象编辑器**界面）后，双击右侧的**配置组策略域控制器选择**，然后如图所示来选择域控制器，图中的选项说明同上，其中**主域控制器**就是**PDC模拟器操作主机**。

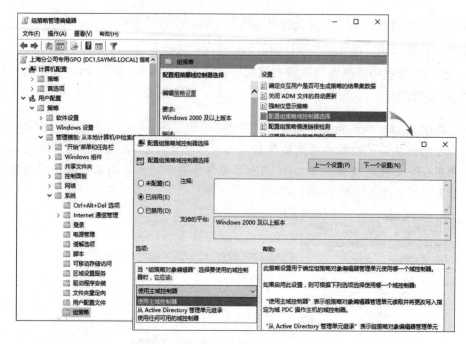

图 4-4-15

4.4.5　更改组策略的应用间隔时间

前面已经介绍过域成员计算机与域控制器何时会应用组策略的设置。可以更改这些设置值，不过建议不要将更新组策略的间隔时间设置得太短，以免增加网络负担。

1．更改计算机配置的应用间隔时间

例如要更改组织单位**业务部**内所有计算机的应用**计算机配置**的间隔时间的话：请在**测试用的GPO**的**计算机配置**界面中，如图4-4-16所示【双击**组策略**右侧的**设置计算机的组策略刷新间隔**➪选择**已启用**➪通过前景图来设置➪单击确定按钮】，图中设置为每隔90分钟加上0到30分钟的随机值，也就是每隔90~120分钟之间应用一次。如果禁用或未配置此策略的话，则默认就是每隔90~120分钟之间应用一次。如果应用间隔设置为0分钟的话，则会每隔7秒钟应用一次。

如果要更改域控制器的应用**计算机配置**的间隔时间的话，请针对组织单位Domain Controllers内的GPO来设置（例如Default Domain Controllers GPO），其策略名称是**设置域控制器的组策略刷新间隔**（参见图4-4-16中背景图），在双击此策略后，如图4-4-17所示可知其默认是每隔5分钟应用组策略一次。如果禁用或未配置此策略的话，则默认就是每隔5分钟应用一次。如果将应用间隔时间设置为0分钟的话，则会每隔7秒钟应用一次。

图 4-4-16

图 4-4-17

2．更改用户配置的应用间隔时间

例如要更改组织单位**业务部**内所有用户的应用**用户配置**的间隔时间的话，请在**测试用的GPO**的**用户配置**界面中，通过图4-4-18中**组策略**右侧的**设置用户的组策略刷新间隔**来设置，其默认也是每隔90分钟加上0~30分钟的随机值，也就是每隔90~120分钟之间应用一次。如果

123

停用或未设置此策略的话，则默认就是每隔90~120分钟之间应用一次。如果将间隔时间设置为0分钟的话，则会每隔7秒钟应用一次。

图 4-4-18

4.5 利用组策略来管理计算机与用户环境

我们将通过以下几个设置来说明如何管理计算机与用户的工作环境：计算机配置的**管理模板策略**、用户配置的**管理模板策略、账户策略、用户权限分配策略、安全选项策略、登录/注销/启动/关机脚本**与**文件夹重定向**等。

4.5.1 计算机配置的管理模板策略

我们在**策略设置实例演练一：计算机配置**中已练习过**管理模板策略**，此处仅说明两个常用设置，它们是在【**计算机配置➪策略➪管理模板**】内：

↘ **显示"关闭事件跟踪程序"**：如果禁用此策略的话，则用户将计算机关机时，系统就不会再要求用户提供关机的理由。其设置方法为【**系统➪双击右侧的显示"关闭事件追踪程序"**】。默认会将**关闭事件追踪器**显示在服务器计算机上（例如Windows Server 2016，如图4-5-1所示），而工作站计算机（例如Windows 10）不会显示。可以针对服务器、工作站或两者来设置。

图 4-5-1

↘ **显示用户上次交互登录的信息**: 用户登录时屏幕上会显示用户上次成功、失败登录的日期与时间; 自从上次登录成功后, 登录失败的次数等信息 (如图4-5-2所示)。其设置途径为【**Windows组件⊃Windows登录选项⊃**双击右侧的**在用户登录期间显示有关以前登录的信息**】。客户端计算机必须是Windows Vista以上。

图 4-5-2

> **注意** 🔖
>
> 除了会应用到客户端计算机的GPO需要启用此功能之外, 还需要在会应用到域控制器的GPO (例如Default Domain Controller Policy或Default Domain Policy) 来启用此功能, 否则用户登录时将无法获取登录信息, 也无法登录 (见图4-5-3)。

图 4-5-3

可以通过【打开**Active Directory管理中心⊃**双击用户账户**⊃**单击扩展节**⊃**单击**属性编辑器**】的方法来查看该用户的这些属性值 (例如 msDS-LastSuccessfulInteractiveLogonTime、 msDS-LastFailedInteractiveLogonTime、 msDS-FailedInteractiveLogonCountAtLastSuccessfulLogon等)。

也可以使用【打开**Active Directory用户和计算机⊃**单击查看菜单**⊃**高级功能**⊃**选中

用户账户并右击⊃属性⊃单击属性编辑器选项卡⊃从属性列表中的来查看这些属性值】。

> **注意** ⊘
>
> 如果在客户端计算机上通过**本地组策略**来启用此策略，但是此计算机并未加入域功能级别为Windows Server 2008（含）以上的域的话，则用户在这台计算机登录时将无法获取登录信息，也无法登录。

4.5.2 用户配置的管理模板策略

我们在**策略配置实例演练二：用户配置**中已经练习过**管理模板策略**，此处仅说明几个常用配置，它们是在【**用户配置⊃策略⊃管理模板**】中：

↘ **限制用户只能或不能运行指定的Windows应用程序**：其设置方法为【**系统⊃**双击右侧的**只运行指定的Windows应用程序**或**不运行指定的Windows应用程序**】。在添加程序时，请输入该应用程序的可执行文件名称，例如eMule.exe。

> **Q** 如果用户利用**文件资源管理器**更改此程序的文件名的话，是否这个策略就无法发挥作用？
>
> **A** 是的，不过可以利用第6章的**软件限制策略**来达到限制用户执行此程序的目的，即使其文件名被改名。

↘ **隐藏或只显示控制面板内指定的项目**：用户在控制面板内将看不到被隐藏起来的项目或只看得到被指定要显示的项目：【**控制面板⊃**双击右侧的**隐藏指定的"控制面板"项**或**只显示指定的"控制面板"项**】。在添加项目时，请输入项目名称，例如**鼠标、用户账户**等。

↘ **禁用按Ctrl + Alt + Del键后所出现的界面中的选项**：用户按这3个键后，将无法使用界面中被禁用的按钮，例如更改密码按钮、任务管理器按钮、注销按钮等。其设置方法为：【**系统⊃Ctrl+Alt+Del选项**】。

↘ **隐藏和禁用桌面上的所有项目**：其设置方法为【**桌面⊃隐藏和禁用桌面上的所有项目**】。用户登录后，传统桌面上所有项目都会被隐藏、选中桌面按鼠标右键也无作用。

↘ **删除Internet选项中的部分选项卡**：用户【按⊞+R键⊃输入control后按Enter键⊃网络和Internet⊃Internet选项】，无法选用被删除的选项卡，例如**安全、连接、高级**等选项卡。其设置方法为【**Windows组件⊃Internet Explorer⊃**双击右侧的**Internet控制面板**】。

↘ **删除开始菜单中的关机、重启、睡眠和休眠命令**：其设置方法为【**[开始]菜单和任务栏⊃**双击右侧**删除并禁止访问"关机"、"重新启动"、"睡眠"和"休眠"命**

令】。用户的**开始**菜单中，这些功能的图标会被删除或无法选择、按 Ctrl + Alt + Del 键后也无法使用它们。

4.5.3 账户策略

我们可以通过账户策略来设置密码的使用标准与账户锁定方式。在设置账户策略时请特别注意以下说明：

↘ 针对域用户所设置的账户策略需要通过**域级别的GPO**来设置才有效，例如通过域的 Default Domain Policy GPO来设置，此策略会被应用到域内所有用户。通过站点或组织单位的GPO所设置的账户策略，对域用户没有作用。
账户策略不但会被应用到所有的域用户账户，也会被应用到所有域成员计算机内的本地用户账户。

↘ 如果针对某个组织单位（如图4-5-4中的**金融部**）来设置账户策略，则这个账户策略只会被应用到位于此组织单位的计算机（例如图中的Win10PC101、Win10PC102、Win10PC103）的本地用户账户而已，但是对位于此组织单位内的域用户账户（例如图中的**王大杰**等）却没有影响。

图 4-5-4

附注 ✐

1. 如果域与组织单位都设置了用户账户策略，并且设置发生冲突时，则此组织单位内的成员计算机的本地用户账户会采用域的设置。

2. 域成员计算机也有自己的本地账户策略，不过如果其设置与域/组织单位的设置发生冲突的话，则采用域/组织单位的设置。

要设置域账户策略的话：【选中**Default Domain Policy GPO**（或其他域级别的GPO）并右击⊃**编辑**⊃如图4-5-5所示展开**计算机配置**⊃**策略**⊃**Windows设置**⊃**安全设置**⊃**账户策略**】的方法。

图 4-5-5

1. 密码策略

如图4-5-6所示单击**密码策略**后就可以设置以下策略:

图 4-5-6

- **用可还原的加密来存储密码**: 如果有应用程序需要读取用户的密码, 以便验证用户身份的话, 可以启用此功能, 不过它相当于用户密码没有加密, 因此不安全。默认为禁用。

- **密码必须符合复杂性要求**: 如果启用此功能的话, 则用户的密码需要同时满足以下条件:
  - 不能包含用户账户名称 (指**用户SamAccountName**) 或全名。
  - 长度至少要6个字符。
  - 至少需要包含A~Z、a~z、0~9、非字母数字 (例如!、$、#、%) 等4组字符中的3组。

  因此123ABCdef是有效的密码, 而87654321是无效的, 因它只使用数字这一种字符。又如用户账户名称为mary, 则123ABCmary是无效密码, 因为包含用户账户名称。AD DS域与独立服务器默认是启用此策略的。

↘ **密码最长使用期限**: 用来设置密码最长的使用期限（可为0~999天）。用户在登录时，如果密码使用期限已到的话，系统会要求用户更改密码。若此处为0，则表示密码没有使用期限。AD DS域与独立服务器默认值都是42天。

↘ **密码最短使用期限**: 用来设置用户密码的最短使用期限（可为0~998天），在期限未到前，用户不能更改密码。如果此处为0表示用户可以随时更改密码。AD DS域的默认值为1，独立服务器的默认值为0。

↘ **强制密码历史**: 用来设置是否要记录用户曾经使用过的旧密码，以便决定用户在更改密码时，是否可以重复使用旧密码。此处可被设置为:

■ 1~24: 表示要保存密码历史记录。例如设置为5，则用户的新密码不能与前5次所使用过的旧密码相同。

■ 0: 表示不保存密码历史记录，因此密码可以重复使用，也就是用户更改密码时，可以将其设置为以前曾经使用过的任何一个旧密码。

AD DS域的默认值为24，独立服务器的默认值为0。

↘ **密码长度最小值**: 用来设置用户账户的密码最少需几个字符。此处可为0~14，若为0，表示用户账户可以没有密码。AD DS域的默认值为7，独立服务器的默认值为0。

2. 账户锁定策略（account lockout policy）

可以通过图4-5-7中的**账户锁定策略**来设置锁定用户账户的方式。

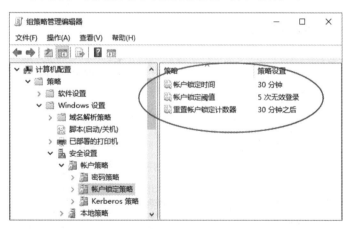

图4-5-7

↘ **账户锁定阈值**: 可以让用户在登录多次失败后（密码错误），就将该用户账户锁定，在未被解除锁定之前，用户无法再利用此账户来登录。此处用来设置登录失败次数，其值可为0~999。默认为0，表示账户永远不会被锁定。

↘ **账户锁定时间**: 用来设置锁定账户的期限，期限过后会自动解除锁定。此处可为0~99999分钟，如果为0分钟表示永久锁定，不会自动被解除锁定，此时需由系统管理员手动解除锁定，也就是如图4-5-8所示单击用户账户属性的**账户**节处的**解锁账户**（账户被锁定后才会有此选项）。

图 4-5-8

> **重设账户锁定计数器**："锁定计数器"是用来记录用户登录失败的次数，其起始值为0，用户如果登录失败，则锁定计数的值就会加1，如果登录成功，则锁定计数器的值就会归零。如果锁定计数器的值等于**账户锁定阈值**，该账户就会被锁定。
>
> 如果用户最近一次登录失败后，到现在为止已经超过此处的时间的话，则锁定计数器值便会自动归零。以前面的图4-5-7来说，如果用户连续3次登录失败的话，其账户就会被锁定。但在尚未连续3次登录失败之前，如果最近一次登录失败后，到现在为止已超过30分钟的话，则锁定计数器值就会归零。

4.5.4　用户权限分配策略

可以通过图4-5-9中的**用户权限分配**来将执行特殊工作的权限分配给用户或组（此图是以Default Domain Controller Policy GPO为例）。

图 4-5-9

如果要为用户分配图4-5-9右侧任何一个权限时：【双击该权限⊃在如图4-5-10所示中单击添加用户或组按钮⊃选择用户或组】。

图 4-5-10

以下列举几个常用的权限策略说明：

↘ **允许本地登录**：允许用户直接在本地计算机上登录（例如按 Ctrl + Alt + Del 键）。

↘ **拒绝本地登录**：与前一个权限刚好相反。此权限优先于前一个权限。

↘ **将工作站添加到域**：允许用户将计算机加入到域。

附注 ✎

每一位域用户默认有10次将计算机加入域的机会，不过一旦拥有**将工作站添加到域**的权限后，其次数就没有限制，

↘ **关闭系统**：允许用户将此计算机关机。

↘ **从网络访问此计算机**：允许用户通过网络上其他计算机来连接、访问这台计算机。

↘ **拒绝从网络访问这台计算机**：与前一个权限刚好相反。此权限优先于前一个权限。

↘ **从远程系统强制关机**：允许用户利用远程计算机来将此台计算机关机。

↘ **备份文件和目录**：允许用户备份硬盘内的文件与文件夹。

↘ **还原文件和目录**：允许用户还原所备份的文件与文件夹。

↘ **管理审核和安全日志**：允许用户指定要审核的事件，也允许用户查询与清除安全日志。

↘ **更改系统时间**：允许用户更改计算机的系统日期与时间。

↘ **加载和卸载设备驱动程序**：允许用户加载与卸载设备的驱动程序。

↘ **取得文件或其他对象的所有权**: 允许取得其他用户所拥有的文件、文件夹或其他对象的所有权。

> **附注** ✎
>
> 此处的"用户权限分配"原文为User Rights Assignment，应被翻译为"用户权利分配"。在Windows Server 2016内将permission（权限）与rights（权利）都翻译为"权限"。

4.5.5 安全选项策略

可以通过如图4-5-11的**安全选项**策略来启用计算机的一些安全设置。图中以**测试用的GPO**为例，并列举以下几个安全选项策略:

图 4-5-11

↘ 交互式登录: 无须按 Ctrl + Alt + Del 键。登录界面不会再显示类似**按 Ctrl + Alt + Del 登录**的消息（这是Windows 10等客户端的默认值）。

↘ 交互式登录: 不显示最后的用户名。
客户端登录界面上不显示上一次登录的用户名。

↘ 交互式登录: 提示用户在过期之前更改密码。用来设置在用户的密码过期前几天，提示用户更改密码。

↘ 交互式登录: 之前登录到缓存的次数（域控制器不可用时）。域用户登录成功后，其账户信息会被存储到用户计算机的缓存区，如果之后此计算机因故无法与域控制器连接的话，该用户仍然可以通过缓存区的账户数据来验证身份与登录。可以通过此策略来设置缓存区内账户数据的数量，默认为记录10个登录用户的账户数据（Windows Server 2008为25个）。

↘ 交互式登录: 试图登录的用户的消息标题、试图登录的用户的消息本文。如果用户在登录时按 Ctrl + Alt + Del 键后，界面上能够显示希望用户看到的消息的话，可以通过这两个选项来设置，其中一个用来设置消息的标题文字，一个用来设置消息内容。

↘　关机：允许系统在未登录的情况下关闭。让登录界面的右下角能够显示关机图标，以便在未登录的情况下就可直接通过此图标将计算机关机（这是Windows 10等客户端的默认值）。

4.5.6　登录/注销、启动/关机脚本

可以让域用户在登录时，其系统就自动执行**登录脚本**（script），而当用户注销时，就自动执行**注销脚本**；另外也可以让计算机在开机启动时自动执行**启动脚本**，而关机时自动执行**关机脚本**。

1.　登录脚本的设置

以下利用文件名为**logon.bat**的批处理文件来练习登录脚本。请利用**记事本**（notepad）来建立此文件，其中只有一行如下所示的命令，它会在C:\之下新建文件夹TestDir：

```
mkdir c:\TestDir
```

以下我们利用组织单位**业务部**的**测试用的GPO**来说明。

STEP **1**　单击左下角**开始**图标田⊃**Windows 管理工具**⊃**组策略管理**⊃展开到组织单位**业务部**⊃选中**测试用的GPO**并右击⊃编辑。

STEP **2**　如图4-5-12所示【展开**用户配置**⊃**策略**⊃**Windows设置**⊃**脚本**（登录/注销）⊃双击右侧的**登录**⊃单击显示文件按钮】。

图 4-5-12

STEP **3** 出现图4-5-13的界面时，请将登录脚本文件logon.bat粘贴到界面中的文件夹内，此文件夹是位于域控制器的SYSVOL文件夹内，其完整路径为（其中的*GUID*是**测试用的GPO**的GUID）：

%*systemroot*%\SYSVOL\sysvol*域名*\Policies\{*GUID*}\User\Scripts\Logon

图 4-5-13

STEP **4** 请关闭图4-5-13窗口，回到前面图4-5-12的前景图中单击添加按钮。

STEP **5** 在图4-5-14中通过浏览按钮从前面图4-5-13的文件夹内选择登录脚本文件**logon.bat**。完成后单击确定按钮。

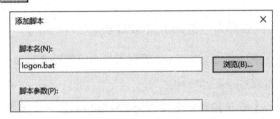

图 4-5-14

STEP **6** 回到图4-5-15的界面时单击确定按钮。

图 4-5-15

STEP **7** 完成设置后，组织单位**业务部**内的所有用户登录时，系统就会自动执行登录脚本**logon.bat**，它会在C:\之下建立文件夹TestDir，请自行利用**文件资源管理器**来检查（如图4-5-16所示）。

图 4-5-16

2．注销脚本的设置

以下利用文件名为**logoff.bat**的批处理文件来练习注销脚本。请利用**记事本**（notepad）来
建立此文件，其中只有一行如下所示的命令，它会将C:\TestDir文件夹删除：

```
rmdir c:\TestDir
```

以下利用组织单位**业务部**的**测试用的GPO**来说明。

STEP 1 请先将前一个登录脚本设置删除，也就是单击前面图4-5-15中的logon.bat后单击 删除
按钮，以免干扰验证本实验的结果。

STEP 2 以下演练的步骤与前一个登录脚本的设置类似，不再重复，不过在图4-5-12中背景图
改选**注销**、文件名改为**logoff.bat**。

STEP 3 在客户端计算机【按 ⊞ + R 键 ➡执行gpupdate命令】以便立即应用上述策略设置、在客
户端计算机上利用注销、再重新登录的方式来应用上述策略设置。

STEP 4 再注销，这时候就会执行注销脚本**logoff.bat**来删除C:\TestDir，请再登录后利用**文件资
源管理器**来确认C:\TestDir已被删除（请先确认logon.bat已经删除，否则它又会建立此
文件夹）。

3．启动/关机脚本的设置

我们可以利用图4-5-17中组织单位**业务部**的**测试用的GPO**为例来说明，而且以图中计算
机名称为Win10PC1的计算机来练习启动/关机脚本。如果您要练习的计算机不是位于组织单
位**业务部**内，而是位于容器Computers内，则请通过域级别的GPO来练习（例如
DefaultDomain Policy），或将计算机账户移动到组织单位**业务部**。

图 4-5-17

由于**启动/关机脚本**的设置步骤与前一个**登录/注销脚本**的设置类似，故此处不再重复，不过在图4-5-18中改为通过**计算机配置**。可以直接利用前面的**登录/注销脚本**的示例文件来练习。

图 4-5-18

4.5.7　文件夹重定向

可以利用组策略来将用户的某些文件夹的存储位置，重定向到网络共享文件夹内，这些文件夹包含**文件**、**图片**、**音乐**等，如图4-5-19所示。

图 4-5-19

这些文件夹平常是存储在本地用户配置文件内，也就是**%SystemDrive%\用户*用户名***（或**%SystemDrive%\Users*用户名***）文件夹内，例如图4-5-19为用户mary的本地用户配置文件文件夹，因此用户换到另外一台计算机登录的话，就无法访问到这些文件夹，而如果能够将其存储位置改为（重定向到）网络共享文件夹的话，则用户到任何一台域成员计算机上登录时，都可通过此共享文件夹来访问这些文件夹内的文件。

1．将"文档"文件夹重定向

我们利用将组织单位**业务部**内所有用户（包含mary）的**文件**文件夹快捷方式，来说明如何将此文件夹重定向到另外一台计算机上的共享文件夹。

STEP**1** 到任何一台域成员计算机上建立一个文件夹，例如我们在服务器dc1上建立文件夹 C:\DocStore，然后要将组织单位**业务部**内所有用户的**文件**文件夹重定向到此位置。

STEP**2** 将此文件夹设置为**共享文件夹**、将共享权限**读取/写入**赋予Everyone（系统会同时将**完全控制**的共享权限与NTFS权限赋予Everyone）。

> **附注** 📝
>
> 其共享名默认为文件夹名称DocStore，建议将共享文件夹隐藏起来，也就是将共享名最后一个字符设置为\$符号，例如DocStore\$。

STEP**3** 到域控制器上【单击左下角**开始**图标⊞⮕**Windows 管理工具**⮕**组策略管理**⮕展开到组织单位**业务部**⮕选中**测试用的GPO**右击⮕编辑】。

STEP**4** 如图4-5-20所示【展开**用户配置**⮕策略⮕**Windows设置**⮕**文件夹重定向**⮕选中**文件夹重定向**并右击⮕**属性**】。

图 4-5-20

STEP 5　参照图4-5-21来设置，完成后单击**确定**按钮。图中的**根路径**指向我们所建立的共享文件夹\\dc1\DocStore，系统会在此文件夹之下自动为每一位登录的用户分别建立一个专用文件夹，例如账户名称为mary的用户登录后，系统会自动在\\dc1\DocStore之下，建立一个名称为mary的文件夹。图中在**设置**处共有以下几种选择：

↘ **基本 – 将每个人的文件夹重定向到同一个位置**：它会将组织单位**业务部**内所有用户的文件夹都重定向。

↘ **高级 – 为不同的用户组指定位置**：它会将组织单位**业务部**内隶属于特定组的用户的文件夹重定向。

↘ **未配置**：也就是不进行重定向。

图 4-5-21

另外，图中的**目标文件夹位置**共有以下的选择：

↘ **重定向到用户的主目录**：如果用户账户中有指定主目录的话，则此选择可将文件夹重定向到其主目录。

↘ **在根目录路径下为每一用户创建一个文件夹**：如前面所述，它让每一个用户各自有一个专用的文件夹。

↘ **重定向到下列位置**：将所有用户的文件夹重定向到同一个文件夹。

↘ **重定向到本地用户配置文件位置**：重定向回原来的位置。

图 4-5-22

STEP 6　出现图4-5-22的界面是在提醒我们需另外设置，才能够将策略应用到旧版

Windows系统，请直接单击 是（Y） 按钮继续（后面再介绍如何设置）。

STEP 7 请利用组织单位**业务部**内的任何一个用户账户到域成员计算机（以Windows 10为例）登录，以用户mary为例，mary的**文件**将被重定向到\\dc1\DocStore\mary\documents 文件夹（也就是\\dc1\DocStore\mary**文件**文件夹）。Mary可以【打开**文件资源管理器**⊃如图4-5-23所示选中**快速访问**或**本地**之下的**文件**并右击⊃**属性**】来得知其**文件**文件夹是位于重定向后的新位置\\dc1\DocStore\mary。

图 4-5-23

注意 🖰

用户可能需要登录两次后，文件夹才会成功地被重定向：用户登录时，系统默认并不会等待网络启动完成后再通过域控制器来验证用户，而是直接读取本地缓存区的账户数据来验证用户，以便提高用户登录的效率。之后等网络启动完成，系统就会自动在后台应用策略。不过因为**文件夹重定向**策略与**软件安装**策略需要在登录时才起作用，因此本实验可能需要登录两次才有作用。

如果用户账户内有被指定使用漫游用户策略文件、主目录或登录脚本的话，则该用户登录时，系统会等网络启动完成后才让用户登录。

如果用户第一次在此计算机登录的话，因缓存区内没有该用户的账户数据，故必须等网络启动完成，此时就可以取得最新的组策略设置值。

通过组策略来更改客户端此默认值的方法为：【**计算机配置**⊃**策略**⊃**管理模板**⊃**系统**⊃**登录**⊃**计算机启动和登录时总是等待网络**】。

由于用户的**文档**文件夹已经被重定向，因此用户原本位于本地用户配置文件文件夹内的

文档文件夹将被删除，例如图4-5-24中为用户mary的本地用户配置文件文件夹的内容，其内已经看不到**文档**文件夹。

图 4-5-24

可以到共享文件夹所在的服务器dc1上来检查此共享文件夹之下，是否已经自动建立用户mary专用的文件夹，如图4-5-25所示的C:\DocStore\Mary \Documents文件夹就是mary的**文档**的新存储位置。

图 4-5-25

2．文件夹重定向的好处

将用户的**文档**文件夹（或其他文件夹）重定向到网络共享文件夹后，便可以享有以下好处与特色。

- 用户到网络上任何一台计算机登录域时，都可以访问到此文件夹。
- 使用漫游用户配置文件的用户的**文档**文件夹被重定向后，在漫游用户策略文件文件夹内就不会存储**文档**，故用户登录、读取漫游用户策略文件时，或注销、保存漫游用户策略文件时，因不需加载、存储**文档**，因此登录、注销的效率高。
- **文档**文件夹被重定向到网络服务器的共享文件夹后，其中的文件可通过信息部门的服务器定期备份工作，使得用户的文件多了一份保障。

↘ **文档**文件夹被导向到服务器的网络共享文件夹后，系统管理员可通过**磁盘配额**设置，来限制用户的**文档**在服务器内可使用的磁盘空间。

↘ **文档**文件夹默认是与操作系统在同一个磁盘内的，在将其重定向到其他磁盘后，即使操作系统磁盘被格式化、重新安装，也不会影响到**文档**内的文件。

3. 文件夹重定向的其他设置值

可以通过图4-5-26中的**设置**选项卡来设置以下选项（以**文件**文件夹为例）。

↘ 授予用户对**文档**的独占权限
只有用户自己与系统对重定向后的新文件夹具备完全控制的权限，其他用户无任何权限，系统管理员也没有权限。如果未勾选此选项，则会继承其父文件夹的权限。

↘ 将**文档**的内容移到新位置
它会将原文件夹内的文件移动到重定向后的新文件夹内。如果未勾选此选项，则文件夹虽然会被重定向，但是原文件夹内的文件仍然会被留在原地。

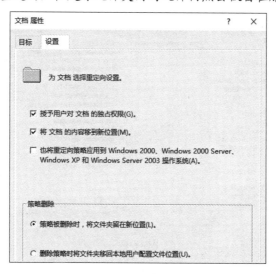

图 4-5-26

↘ 也将重定向策略应用到Windows 2000、Windows 200 Server、Windows XP及Windows Server 2003操作系统
重定向策略默认只会被应用到新版的Windows系统，但勾选此选项后，便可以应用到Windows 2000等旧系统。

↘ 策略删除
用来设置当组策略被删除后（例如GPO被删除或禁用），是否要将文件夹重定向回原来的位置，默认是不会，也就是仍然留在新文件夹。

</br>

4.6 利用组策略限制访问可移动存储设备

系统管理员可以利用组策略来限制用户访问**可移动存储设备**（removable storage device，例如U盘），以免企业内部员工轻易地通过这些存储设备将重要数据带离公司。

以组织单位为例，如果是针对**计算机配置**来设置这些策略的话，则任何域用户只要在这个组织单位内的计算机登录，就会受到限制；如果是针对**用户配置**来设置这些策略的话，则所有位于此组织单位内的用户到任何一台域成员计算机上登录时，就会受到限制。

> **注意**
>
> 这些策略设置仅对Windows Vista(含)等新版的Windows客户端有效。

系统总共提供了如图4-6-1右侧所示的策略设置（图中以**用户配置**为例）：

图 4-6-1

↘ **设置强制重新启动的时间（以秒为单位）**

有些策略设置必须重新启动计算机才会应用，而如果如图4-6-2所示启用这个策略的话，则系统就会在图中指定的时间到达时自动重新启动计算机。

图 4-6-2

↳ **CD和DVD**：拒绝读取权限、拒绝写入权限

拒绝用户读取或写入属于CD与DVD类的设备（包含通过USB连接的设备）。

↳ **自定义类**：拒绝读取权限、拒绝写入权限

属于同一类型的设备会拥有相同的**设备类型**（device setup class），例如所有的光驱都是隶属于**CD ROM设备类型**，它们都是采用相同的安装与设置方式。**设备类型代码**是采用32个字符的GUID格式（也就是xxxxxxxx-xxxx-xxxx-xxxx-xxxxxxxxxxxx），可以通过**设备类型**来拒绝用户读取或写入到拥有此GUID的存储设备。

可以通过**设备管理器**来查询设备的GIUD，以Windows 10中的光驱为例：【打开**计算机管理**⊃**设备管理器**⊃如图4-6-3所示展开右侧的**DVD/CD-ROM光驱**⊃双击光驱设备⊃单击前景图中的**详细信息**选项卡⊃在**属性**列表中选择**类GUID**⊃从值字段可得知其GUID】。

图 4-6-3

接下来利用组策略来拒绝用户读取或写入到拥有此GUID的设备，假设要拒绝用户写入此存储设备：【双击前面图4-6-1右侧的**自定义类：拒绝写入权限**⊃如图4-6-4所示选中**已启用**⊃单击 显示 按钮⊃输入此设备的GUID后单击 确定 按钮】，注意GUID前后需要附加大括号{}。

图 4-6-4

↳ **软盘驱动器**：拒绝读取权限、拒绝写入权限

拒绝用户读取或写入属于软盘驱动器类型的设备（包含通过USB连接的设备）。

- **可移动磁盘**：拒绝读取权限、拒绝写入权限

  拒绝用户读取或写入属于可移动磁盘类型的设备，例如U盘或外接式USB硬盘。

- **所有可移动存储类**：拒绝所有权限

  拒绝用户访问所有的可移动存储设备，此策略设置的优先权高于其他策略，因此如果启用此策略的话，则不论其他策略设置如何，都会拒绝用户读取与写入到可移动存储设备。如果禁用或未配置此策略的话，则用户是否可以读取或写入到可移动存储设备，需要根据其他策略的设置而定。

- **磁带驱动器**：拒绝读取权限、拒绝写入权限

  拒绝用户读取或写入隶属于磁带驱动器类型的设备（包含通过USB连接的设备）。

- **WPD设备**：拒绝读取权限、拒绝写入权限

  拒绝用户读取或写入隶属于WPD（Windows Portable Device）的设备，例如移动电话、媒体播放器、Windows、CE等设备。

4.7 WMI筛选器

我们知道如果将GPO链接到组织单位后，该GPO的设置值默认会被应用到此组织单位内的所有用户与计算机，如果要改变这个默认值的话，可以有以下两种选择：

- 通过前面介绍的**筛选组策略设置**中的**委派**选项卡来选择欲应用此GPO的用户或计算机。
- 通过本节所介绍的**WMI筛选器**来设置。

  举例来说，假设已经在组织单位**业务部**内建立**测试用GPO**，并通过它来让此组织单位内的计算机自动安装所指定的软件（后面章节会介绍），不过却只想让64位的Windows 10计算机安装此软件，其他操作系统的计算机并不需要安装，此时可以通过以下的**WMI筛选器**设置来达到目的。

STEP **1**　如图4-7-1所示【选中**WMI筛选器**并右击➲新建】。

图4-7-1

STEP **2** 在图4-7-2中的**名称**与**描述**字段分别输入适当的文字说明后单击添加按钮。图中将名称
设置为**Windows 10（64位）专用的筛选器**。

图 4-7-2

STEP **3** 在图4-7-3中的**命名空间**处选用默认的**root/CIMv2**，然后在**查询**处输入以下的查询命令
（后述）后单击确定按钮：

```
Select * from Win32_OperatingSystem where Version like "10.0%" and
ProductType = "1"
```

图 4-7-3

STEP **4** 重复在前面的图4-7-2单击添加按钮，然后如图4-7-4所示在**查询**处输入以下的查询命
令（后述）后单击两次确定按钮，此命令用来选择64位的系统：

```
Select  *  from  Win32_Processor  where  AddressWidth="64"
```

图 4-7-4

STEP **5**　在图4-7-5中单击 保存 按钮。

图 4-7-5

STEP **6**　在图4-7-6中**测试用的GPO**右下方的**WMI筛选**处选择刚才所建立的**Windows 10（64位）专用的筛选器**。

图 4-7-6

　　组织单位**业务部**内所有的Windows 10客户端都会应用**测试用GPO**策略设置，但是其他Windows系统并不会应用此策略。可以到客户端计算机上通过执行**gpresult /r**命令来查看应用了哪些GPO，如图4-7-7所示为在一台位于**业务部**内的Windows 8.1客户端上利用**gpresult /r**命令所看到的结果，因为**测试用的GPO**搭配了**Windows 10（64位）专用的筛选器**，故Windows 8.1计算机并不会应用此策略（被WMI筛选器拒绝）。

图4-7-7

图4-7-3中的**命名空间**是一组用来管理环境的类（class）与实例（instance）的集合，系统内包含着各种不同的命名空间，以便于通过其中的类与实例来管控各种不同的环境，例如命名空间**C1Mv2**内所包含的是与Windows环境有关的类与实例。

图4-7-3中的**查询**字段内需要输入WMI 查询语言（WQL）来执行筛选工作，其中的**Version like**后面的数字所代表的意义如表4-7-1所示：

表4-7-1

Windows版本	Version
Windows 10与Windows Server 2016	10.0
Windows 8.1与Windows Server 2012 R2	6.3
Windows 8与Windows Server 2012	6.2
Windows 7与Windows Server 2008 R2	6.1
Windows Vista 与Windows Server 2008	6.0
Windows Server 2003	5.2
Windows XP	5.1

而**ProductType**右侧的数字所代表的意义如表4-7-2所示。

表4-7-2

ProductType	所代表的意义
1	客户端等级的操作系统，例如Windows 10、Windows 8.1
2	服务器等级的操作系统并且是域控制器
3	服务器等级的操作系统，但不是域控制器

综合以上两个表格的说明后，我们在表4-7-3中列举几个WQL范例命令。

表4-7-3

要筛选的系统	可用的WQL命令范例
Windows 10（64位与32位）	select * from Win32_OperatingSystem where Version like "10.0%" and ProductType="1"
Windows 10（64位）	select * from Win32_OperatingSystem where Version like "10.0%" and ProductType="1" select * from Win32_Processor where AddressWidth="64"
Windows 10（32位）	select * from Win32_OperatingSystem where Version like "10.0%" and ProductType="1" select * from Win32_Processor where AddressWidth="32"
Windows 8.1（64位与32位）	select * from Win32_OperatingSystem where Version like "6.3%" and ProductType="1"
Windows 8.1（64位）	select * from Win32_OperatingSystem where Version like "6.3%" and ProductType="1" select * from Win32_Processor where AddressWidth="64"
Windows 8.1（32位）	select * from Win32_OperatingSystem where Version like "6.3%" and ProductType="1" select * from Win32_Processor where AddressWidth="32"
Windows Server 2016域控制器	select * from Win32_OperatingSystem where Version like "10.0%" and ProductType="2"
Windows Server 2016成员服务器	select * from Win32_OperatingSystem where Version like "10.0%" and ProductType="3"
Windows 10与Windows Server 2016	select * from Win32_OperatingSystem where Version like "10.0%"
Windows Server 2012 R2域控制器	select * from Win32_OperatingSystem where Version like "6.3%" and ProductType="2"
Windows Server 2012 R2成员服务器	select * from Win32_OperatingSystem where Version like "6.3%" and ProductType="3"
Windows 8.1与Windows Server 2012 R2	select * from Win32_OperatingSystem where Version like "6.3%"
Windows 8	select * from Win32_OperatingSystem where Version like "6.2%" and ProductType="1"
Windows 7	select * from Win32_OperatingSystem where Version like "6.1%" and ProductType="1"
Windows Vista	select * from Win32_OperatingSystem where Version like "6.0%" and ProductType="1"
Windows Server 2012 R2与 Windows Server 2012成员服务器	select * from Win32_OperatingSystem where （Version like "6.3%" or Version like "6.2%"） and ProductType="3"
Windows 8.1、Windows 8、Windows 7、Windows Vista	select * from Win32_OperatingSystem where Version like "6.%" and ProductType="1"
Windows 8.1、Windows Server 2012 R2成员服务器	select * from Win32_OperatingSystem where Version like "6.3%" and ProductType<>"2"
Windows XP	select * from Win32_OperatingSystem where Version like "5.1%"
Windows XP Service Pack 3	select * from Win32_OperatingSystem where Version like "5.1%" and ServicePackMajorVersion=3
Windows XP Service Pack 2（含）以上	select * from Win32_OperatingSystem where Version like "5.1%" and ServicePackMajorVersion>=2

4.8 组策略建模与组策略结果

可以通过**组策略建模**（Group Policy Modeling）来针对用户或计算机模拟可能的情况，例如某用户账户当前是位于甲组织单位内，某计算机账户目前是位于乙容器内，而我们想要知道未来如果该用户或计算机账户被移动到其他容器时，该用户到此计算机上登录后，其用户或计算机策略的设置值。另外，在当前现有的环境之下，如果想要知道用户在某台计算机登录之后，其用户与计算机策略设置值的话，可以通过**组策略结果**（Group Policy Result）来提供这些信息。

1．组策略建模

我们将利用图4-8-1的环境来练习**组策略建模**。图中用户账户**陈玛莉**（mary）与计算机账户Win10PC1目前都是位于组织单位**业务部**内，而如果用户账户**陈玛莉**（mary）与计算机账户Win10PC1未来都被移动到组织单位**金融部**，此时如果用户**陈玛莉**（mary）到计算机Win10PC1上登录的话，其用户与计算机策略设置值可以通过**组策略建模**来事先模拟。

图 4-8-1

STEP **1**　在图4-8-2中【选中**组策略建模**并右击➪**组策略建模向导**】。

图 4-8-2

STEP **2**　　出现**欢迎使用组策略建模向导**界面时单击 下一步 按钮。

STEP **3**　　由于需要指定一台至少是Windows Server 2003域控制器来执行模拟工作，因此请通过图4-8-3来选择域控制器，图中我们让系统自行挑选。

图 4-8-3

STEP **4**　　在图4-8-4中分别选择要练习的用户账户mary与计算机账户Win10PC1后单击 下一步 按钮。

图 4-8-4

STEP **5**　　在图4-8-5中选择慢速连接是否要处理策略、是否要采用环回处理模式等。完成后单击 下一步 按钮。

STEP **6**　　由图4-8-6的背景图中可知用户账户（陈玛莉，mary）与计算机账户（Win10PC1）目前都是位于组织单位**业务部**，请通过 浏览 按钮来将其模拟到未来的位置，也就是前景图中的组织单位**金融部**。单击 下一步 按钮。

图 4-8-5

图 4-8-6

STEP **7** 在图4-8-7中的背景与前景图会分别显示用户与计算机账户当前所属的组，有需要的话，可通过单击添加按钮来模拟他们未来会隶属的组。图中两个界面我们都直接单击下一步按钮。

图 4-8-7

STEP **8**　在图4-8-8中的背景与前景图会分别显示用户与计算机账户目前所应用的**WMI筛选器**，有需要的话，可通过单击添加按钮来模拟他们未来会应用的**WMI筛选器**。图中两个界面我们都直接单击下一步按钮。

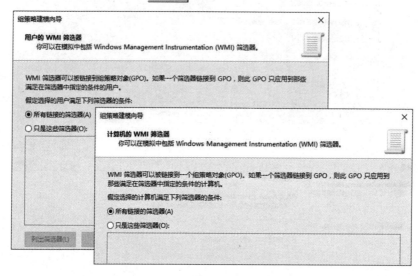

图 4-8-8

STEP **9**　确认**选择的摘要**界面的设置无误后单击下一步按钮。

STEP **10**　出现**正在完成组策略建模向导**界面时单击完成按钮。

STEP **11**　完成后，通过图4-8-9右侧3个选项卡来查看模拟运行的结果。

图 4-8-9

2．组策略结果

我们将利用图4-8-10的环境来练习**组策略结果**。我们想要知道图中用户账户**陈玛莉**（mary）到计算机Win10PC1登录后的用户与计算机策略的设置值。

图 4-8-10

STEP **1** 如果用户**陈玛莉**（mary）还没有到计算机Win10PC1登录的话，请先登录。

STEP **2** 请到域控制器上以系统管理员身份登录、执行**组策略管理**、如图4-8-11所示【选中**组策略结果**并右击➡**组策略结果向导**】。

图 4-8-11

STEP **3** 出现**欢迎使用组策略结果向导**界面时单击下一步按钮。

STEP **4** 在图4-8-12中选择要查看的域成员计算机Win10PC1后单击下一步按钮。

图 4-8-12

STEP **5** 在图4-8-13中选择域用户mary（**陈玛莉**）后单击 下一步 按钮。只有当前登录的用户与曾经登录过的用户账户可以被选择。

图 4-8-13

STEP **6** 确认**选择的摘要**界面中的设置无误后单击 下一步 按钮。

STEP **7** 出现**正在完成组策略结果向导**界面时单击 完成 按钮。

STEP **8** 通过图4-8-14右侧3个选项卡来查看结果。

图 4-8-14

4.9 组策略的委派管理

可以将GPO的链接、新建与编辑等管理工作，分别委派给不同的用户来负责，以分散与减轻系统管理员的管理负担。

4.9.1　站点、域或组织单位的GPO链接委派

可以将连接GPO到站点、域或组织单位的工作委派给不同的用户来执行，以组织单位**业务部**为例，可以如图4-9-1所示单击组织单位**业务部**后，通过**委派**选项卡来将链接GPO到此组织单位的工作委派给用户，由图中可知默认是Administrators、Domain Admins或Enterprise Admins等组内的用户才拥有此权限。还可以通过界面中的**权限**下拉列表来设置**执行组策略建模分析**与**读取组策略结果数据**这两个权限。

图4-9-1

4.9.2　编辑GPO的委派

默认是Administrators、Domain Admins或Enterprise Admins组内的用户才有权限编辑GPO，如图4-9-2所示为**测试用的GPO**的默认权限列表，可以通过此界面来赋予其他用户权限，这些权限包含**读取**、**编辑设置**与"**编辑设置、删除、修改安全性**"3种。

图4-9-2

4.9.3　新建GPO的委派

默认是Domain Admins与Group Policy Creator Owners组内的用户才有权限新建GPO（如图4-9-3所示），也可以通过此界面来将此权限赋予其他用户。

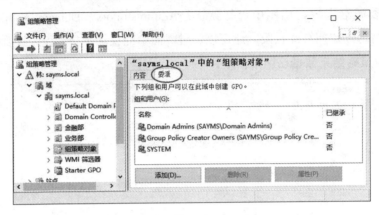

图 4-9-3

Group Policy Creator Owners组内的用户在新建GPO后，他就是这个GPO的所有者，因此他对这个GPO拥有完全控制的权限，所以可以编辑这个GPO的内容，不过他却没有权限编辑其他的GPO。

WMI 筛选器的委派

系统默认是Domain Admins与Enterprise Admins组内的用户才有权限在域内建立新的WMI筛选器，并且可以修改所有的WMI筛选器，如图4-9-4所示中的**完全控制**权限。而Administrators与Group Policy Creator Owners组内的用户也可以建立新的WMI筛选器与修改其自行建立的WMI筛选器，不过却不能修改其他用户所建立的WMI筛选器，如图4-9-4所示中的**创建者所有者**权限。也可以通过此界面将权限赋予其他用户。

图 4-9-4

Group Policy Creator Owners组内的用户，在新建WMI筛选器后，他就是此WMI筛选器的所有者，因此他对此WMI筛选器拥有完全控制的权限，所以可以编辑此WMI筛选器的内容，不过他却没有权限编辑其他的WMI筛选器。

4.10 StarterGPO的设置与使用

StarterGPO内仅包含**管理模板**的策略设置，可以将经常会用到的**管理模板**策略设置值创建到**StarterGPO**内，然后在建立常规GPO时，就可以直接将**StarterGPO**内的设置值导入到这个常规GPO内，如此便可以节省建立常规GPO的时间。建立**StarterGPO**的步骤如下所示：

STEP **1**　　如图4-10-1所示【选中**StarterGPO**并右击➲新建】。

图 4-10-1

附注 🖊

可以不需要单击界面右侧的 创建StarterGPO文件夹 ，因为在建立第1个**StarterGPO**时，它也会自动建立此文件夹，此文件夹的名称是StarterGPOs，它是位于域控制器的sysvol共享文件夹之下。

STEP **2**　　在图4-10-2中为此**StarterGPO**设置名称与输入注释后单击 确定 按钮。

新建 Starter GPO	×
名称(N):	
测试用Starter GPO	
注释(C):	

图 4-10-2

STEP **3**   在图4-10-3中【选中此StarterGPO并右击➲编辑】。

图 4-10-3

STEP **4**   通过图4-10-4来编辑计算机与用户设置的**管理模板**策略。

图 4-10-4

完成**StarterGPO**的建立与编辑后，之后在建立常规GPO时，就可以如图4-10-5所示选择从这个**StarterGPO**来导入其**管理模板**的设置值。

图 4-10-5

第5章　利用组策略部署软件

可以通过AD DS组策略来为企业内部用户与计算机部署（deploy）软件，也就是自动为这些用户与计算机安装、维护与删除软件。

- ↘ 软件部署概述
- ↘ 将软件发布给用户
- ↘ 将软件分配给用户或计算机
- ↘ 将软件升级
- ↘ 部署Adobe Acrobat

5.1 软件部署概述

可以通过组策略来将软件部署给域用户与计算机，也就是域用户登录或成员计算机启动时会自动安装或很容易安装被部署的软件，而软件部署分为**分配**（assign）与**发布**（publish）两种。一般来说，这些软件需为Windows Installer Package（也被称为**MSI应用程序**），也就是其中包含着扩展名为.msi的安装文件。

> **附注** 📝
>
> 也可以部署扩展名为.zap（因限制很多且不实用，故不在本书的讨论范围）或.msp的软件，或是将安装文件为.exe的软件封装成为.msi的Windows Installer Package（可使用EMCOMSI Package Builder等软件）。

5.1.1 将软件分配给用户

当将一个软件通过组策略分配给域用户后，用户在任何一台域成员计算机登录时，这个软件会被**通告**（advertised）给该用户，但此软件并没有被安装，而是可能会设置与此软件有关的部分信息而已，例如可能会在**开始**窗口或**开始**菜单中自动建立该软件的快捷方式（这取决于该软件是否支持此功能而定）。

用户通过单击该软件在**开始**窗口（或**开始**菜单）中的快捷方式后，就可以安装此软件。用户也可以通过**控制面板**来安装此软件，以Windows 10客户端为例，其安装方法为【按⊞+R键➫输入control后按Enter键➫单击**程序**处**获得程序**】。

5.1.2 将软件分配给计算机

当将一个软件通过组策略分配给域成员计算机后，这些计算机启动时就会自动安装这个软件（完整或部分安装，视软件而定），而且任何用户登录都可以使用此软件。用户登录后，就可以通过桌面或**开始**窗口（或**开始**菜单）中的快捷方式来使用此软件。

5.1.3 将软件发布给用户

当将一个软件通过组策略发布给域用户后，此软件并不会自动被安装到用户的计算机内，不过用户可以通过**控制面板**来安装此软件，以Windows 10客户端为例，其安装方法为【按⊞+R键➫输入control后按Enter键➫单击**程序**处**获得程序**】。

> **附注** ✎
>
> 只能向计算机分配软件，无法向计算机发布软件。

5.1.4　自动修复软件

被发布或分配的软件可以具备自动修复的功能（视软件而定），也就是客户端在安装完成后，如果此软件程序内有关键性的文件损毁、遗失或不小心被用户删除的话，则在用户运行该软件时，其系统会自动检测到此不正常现象，并重新安装这些文件。

5.1.5　删除软件

一个被发布或分配的软件，在客户端将其安装完成后，如果不想再让用户使用此软件的话，可在组策略内从已发布或已分配的软件列表中将此软件删除，并设置下次客户端应用此策略时（例如用户登录或计算机启动时），自动将这个软件从客户端计算机中删除。

5.2　将软件发布给用户

以下沿用前几章的组织单位**业务部**中的**测试用的GPO**来练习将**MSI应用程序**（Windows Installer Package）发布给**业务部**内的用户，并让用户通过**控制面板**来安装此软件。如果还没有建立组织单位**业务部**与**测试用的GPO**的话，请先利用**Active Directory管理中心**（或**Active Directory用户和计算机**）与**组策略管理**来建立，并在**业务部**内新建多个用来练习的用户账户。

5.2.1　发布软件

以下步骤将先建立**软件发布点**（software distribution point，也就是用来存储**MSI应用程序**的共享文件夹）、接着设置软件默认的存储位置、最后将软件发布给用户。以下将利用免费的文字编辑软件AkelPad来练习，请自行上网下载。

> **附注** ✎
>
> AkelPad原安装文件是.exe可执行文件，不过笔者已将其重新包装为**MSI应用程序**，此软件与原始程序可到碁峯网站下载（http://books.gotop.com.tw/download /ACA024500）。

STEP **1**　　请在域中的任何一台服务器内（假设为dc1）建立一个用来作为**软件发布点**的文件

夹，例如C:\Packages，它将用来存储**MSI应用程序**（Windows Installer Package），例如我们要用来练习的软件为**AkelPad 4.4.3**版。

STEP **2** 将此文件夹设定为**共享文件夹**、赋予Everyone**读取**的共享权限。

附注

其共享名默认为文件夹名称Packages，建议将共享文件夹隐藏起来，也就是将共享名最后一个字符设置为$符号，例如Packages$。

STEP **3** 在此共享文件夹内建立用来存放**AkelPad 4.4.3**的子文件夹，然后将**AkelPad 4.4.3**复制到此文件夹内，如图5-2-1所示。

图 5-2-1

STEP **4** 接着设定软件默认的存储位置：在域控制器上【单击左下角**开始**图标▦➲**Windows 管理工具**➲**组策略管理**➲展开到组织单位**业务部**➲选中**测试用的GPO**并右击➲编辑➲在图5-2-2中展开**用户配置**➲**策略**➲**软件设置**➲**软件安装**➲单击上方的**属性**图标】。

图 5-2-2

STEP **5** 在图5-2-3中的**默认程序数据包位置**处输入软件的存储位置，注意必须是UNC网络路径，例如\\dc1\Packages。完成后单击确定按钮。

图 5-2-3

STEP 6 如图5-2-4所示【选中**软件安装**并右击➲**新建**➲**数据包**】。

图 5-2-4

STEP 7 在图5-2-5中选择**AkelPad 4.4.3**版的**AkelPad443.msi**（扩展名.msi默认会被隐藏），然后单击打开按钮。

图 5-2-5

STEP 8 在图5-2-6中选择**已发布**，然后单击确定按钮。

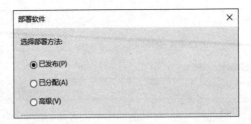

图 5-2-6

STEP **9**　由图5-2-7右方可知**AkelPad 4.4.3**已被发布成功。

图 5-2-7

5.2.2　客户端安装被发布的软件

我们将到域成员计算机上通过**控制面板**来安装上述被发布的软件。

STEP **1**　请到任何一台域成员计算机上利用组织单位**业务部**中的用户账户（例如mary）登录域，假设此计算机为Windows 10。

STEP **2**　按⊞+R键➍输入control后按Enter键➍如图5-2-8所示单击**程序**处的**获得程序**。

图 5-2-8

STEP **3**　选择图5-2-9中已发布的软件**AkelPad443**后单击上方的**安装**。

STEP **4**　完成后【单击左下角**开始**图标⊞➲如图5-2-10所示可看到AkelPad的相关快捷方式】。
试着执行此程序（AkelPad）来测试此程序是否正常。

图 5-2-9

图 5-2-10

5.2.3　测试自动修复软件的功能

我们要将安装好的软件**AkelPad 4.4.3**的某个文件夹删除，以便测试当系统发现此文件夹遗失时，是否会自动重新安装此文件夹与其中的文件。当前登录的用户仍然是用户mary。以下假设客户端为Windows 10。

STEP **1**　打开**文件资源管理器**➲删除图5-2-11中C:\Program Files（x86）\AkelPad之下的\AkelFiles文件夹。

图 5-2-11

> **附注** 📝
>
> 此AkelPAd程序为32位版本，客户端为64位的Windows 10。若客户端的Windows系统为32位的话，它是被安装在C:\Program Files\AkelPad。

STEP **2** 由于当前登录的用户mary并没有权限删除此文件夹，故请在图5-2-12中输入系统管理员的账户与密码后单击**是**按钮来将其删除。

图 5-2-12

STEP **3** 接下来再执行AkelPad来测试自动修复功能：【单击左下角**开始**图标⊞➲单击AkelPad应用程序】，此时因为系统检测到AkelFiles文件夹已缺失，故会自动重新再安装此文件夹与其中的文件。

5.2.4 取消已发布的软件

如果要取消已经被发布的软件，请如图5-2-13所示【选中该软件并右击➲**所有任务**➲**删除**】，然后可以有以下两种选择：

图 5-2-13

↘ **立即从用户和计算机中卸载软件**：当用户下次登录时或计算机启动时，此软件就会自动被删除。

↘ **允许用户继续使用软件，但阻止新的安装**：用户已经安装的软件不会被删除，可以继续使用它，不过新用户登录时，就不会有此软件可供选择与安装。

5.3 将软件分配给用户或计算机

将软件分配给用户或计算机的步骤，与前一小节将软件发布给用户类似，本节仅列出两者的差异。

5.3.1 分配给用户

可以将软件分配给整个域或某个组织单位内的用户，其详细的操作步骤请参照前一节，不过需要如图5-3-1所示改为选择**已分配**。

图 5-3-1

也可以将一个已经发布的软件直接改为**已分配**：如图5-3-2所示【选中此软件并右击◐**分配**】。

图 5-3-2

被分配此软件的用户，当他们登录后，系统就会建立该软件的快捷方式并将相关扩展名与此软件之间建立起关联关系（视软件而定），不过此软件事实上并还没有真正地被安装完成，此时只要用户使用此软件的快捷方式，系统就会自动安装此软件。用户也可以通过【按

⊞+R键⊃输入control后按Enter键⊃单击**程序**处**获得程序**】的方式来安装。

5.3.2 分配给计算机

当将软件分配给整个域或组织单位内的计算机后，这些计算机在启动时就会自动安装此软件。分配的步骤与前一节相同，不过请注意以下几点事项：

↘ 请如图5-3-3所示通过**计算机配置**来设置，而不是**用户配置**。

图 5-3-3

↘ 设置软件默认的存储位置：【选中图5-3-3中的**软件安装**并右击⊃**新建⊃数据包**】。

↘ 在图5-3-4中选择**已分配**。由图可看出只可以**分配**给计算机，无法**发布**给计算机。

图 5-3-4

5.4 将软件升级

可以通过软件部署方式来将旧版的软件升级或安装更新程序。可以将已经部署给用户或计算机的软件升级到较新的版本，而升级的方式有以下两种：

↘ **强制升级**：不论是发布或分配新版的软件，原来旧版的软件可能都会被自动升级，不过刚开始此新版软件并未被完全安装（例如仅会建立快捷方式），用户需要选择此程序的快捷方式或需要执行此软件时，系统才会开始完整地安装这个新版本的软件。如果未自动升级的话，则需要通过**控制面板**来安装这个新版本的软件。

↘ **选择性升级**：不论是发布或分配新版的软件，原来旧版的软件都不会被自动升级，用户必须通过**控制面板**来安装这个新版本的软件。

附注 ✐

如果是**强制升级**的话，则用户在**控制面板**内无法选用原来的旧版软件。分配给计算机的软件，只可以选择**强制升级**。

以下说明如何部署新版本软件（假设是**AkelPad 4.8.5**），以便将用户的旧版本软件（假设是**AkelPad 4.4.3**）升级，同时假设是要针对组织单位**业务部**内的用户，而且是通过**测试用的GPO**来练习。

STEP **1**　将新版软件复制到软件发布点内，如图5-4-1所示的**AkelPad485**文件夹。

图 5-4-1

STEP **2**　请在域控制器上【单击左下角**开始**图标⊞⇨**Windows 管理工具**⇨**组策略管理**⇨展开到组织单位**业务部**⇨选中**测试用的GPO**并右击⇨**编辑**⇨在图5-4-2中展开**用户配置**⇨**策略**⇨**软件设置**⇨选中**软件安装**并右击⇨**新建**⇨**数据包**】。

图 5-4-2

STEP **3**　在图5-4-3中选择新版本的**MSI应用程序**，也就是**AkelPad485.msi**（扩展名.msi默认被
隐藏），然后单击打开按钮。

图 5-4-3

STEP **4**　在图5-4-4中选择**高级**后单击确定按钮。

图 5-4-4

STEP **5**　在图5-4-5中单击**升级**选项卡，如果要强制升级的话，请勾选**现有程序包所需的升级**，
否则直接单击添加按钮即可。

图 5-4-5

STEP **6**　在图5-4-6中选择要被升级的旧版软件**AkelPad443**后按确定钮。

图 5-4-6

附註 🖉

在图中也可以选择将其他GPO所部署的旧软件升级。另外，还可以通过画面最下方来选择先移除旧版软件，再安装新版软件，或者直接将旧版软件升级。

STEP **7** 回到前一个界面时单击确定按钮。

STEP **8** 图5-4-7为完成后的界面，其中**AkelPad485**左侧的图中向上的箭头，表示它是用来升级的软件。

图 5-4-7

附注 🖉

从右侧的**升级**与**升级类型**字段也可知道它是用来将**AkelPad443**强制升级，不过默认并不会显示这两个字段，必须通过【单击上方的**查看**菜单⊃**添加/删除字段**】的方法来添加这两个字段。

STEP **9** 由于我们是选择强制升级，故当用户应用策略后（例如登录或重新启动计算机）：
【单击左下角**开始**图标⊞⊃单击AkelPad应用程序】时，其计算机便会自动将**AkelPad 4.4.3**升级为**AkelPad 4.8.5**。

> **附注** 🖊
>
> 所部署的软件，如果厂商之后有.msi或.msp的更新程序的话，可尝试将新的.msi复制到软件发布点，或是利用执行msiexec.exe程序来将.msp文件更新到软件发布点，最后再【选中该软件并右击➲所有任务➲重新部署应用程序】，客户端执行该软件时可能就会自动安装更新程序，但是也可能客户端需要自行卸载该软件后才会重新安装。

5.5 部署Adobe Acrobat

由于部署Adobe Acrobat的方法与前面部署AkelPad的方法相同，因此以下仅对关键性步骤进行说明，同时利用此范例来说明如何部署扩展名是.msp的更新文件。

5.5.1 部署基础版

以下以Adobe Acrobat Reader DC为例来说明，请先到Adobe的FTP服务器ftp://ftp.adobe.com/pub/adobe/reader/win下载基础版（base version）的Adobe Acrobat Reader DC安装文件（.msi），此处假设所下载的文件为AcroRdrDC1500720033_zh_CN.msi，并且我们将所下载的文件存储到C:\Download文件夹。接着利用以下命令来获取此.msi内的文件：

```
msiexec/aC:\Download\AcroRdrDC1500720033_zh_CN.msi
```

并选择将读取出的文件存放到任一文件夹内（假设是C:\ Extract，如图5-5-1所示）。

图 5-5-1

然后将整个Extract文件夹内的文件复制到软件发布点，例如复制到C:\Packages\Adobe文件夹内，如图5-5-2所示。

图 5-5-2

接着部署软件发布点\\dc1\Packages\Adobe内的程序AcroRdrDC1500720033_zh_CN.msi，图5-5-3为完成部署后的界面（假设是发布给组织单位**业务部**内的用户，而且是通过**测试用的GPO**来练习）。

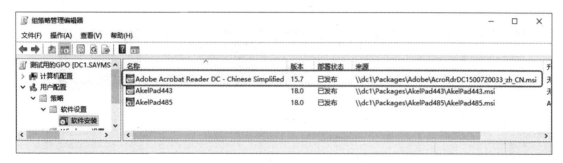

图 5-5-3

然后到客户端来安装此被部署的AdobeAcrobatReader DC 1500720033版：请到任何一台域成员计算机上利用组织单位**业务部**中的用户账户（例如mary）重新登录域以便应用策略设置，然后【按⊞+R键⮞输入control后按Enter键⮞单击**程序**处的**获得程序**⮞选择图5-5-4中的**AdobeAcrobatReader DC – Chinese Traditional**后单击上方的**安装**】。

图 5-5-4

5.5.2 部署更新程序

如果有Acrobat Reader更新文件的话，会以扩展名为.msp的文件发布。以下练习如何将.msp文件整合到基础版的Adobe Acrobat Reader DC安装文件（.msi）内，并部署此包含更新程序的自定义.msi安装文件。我们可以利用msiexec.exe程序来将.msp文件整合到.msi文件，其语法如下：

```
msiexec  /p  .msp 文件的路径与文件名   /a  .msi 文件的路径与文件名
```

STEP **1** 请到 Adobe 的 FTP 服务器下载新版的 .msp 更新文件，假设所下载的文件为 AcroRdrDCUpd1701220095.msp，并将其存储在C:\Download文件夹内，此时请执行以下命令来更新前面所叙述的C:\Extract中的文件（如图5-5-5所示）：

```
msiexec  /p C:\Download\AcroRdrDCUpd1701220095.msp
         /a C:\Extract\AcroRdrDC1500720033_zh_TW.msi
```

图 5-5-5

STEP **2** 将已经更新过的整个Extract文件夹内的文件复制到软件发布点，假设是复制到 C:\Packages\AdobeUpdate文件夹内（如图5-5-6所示）。

图 5-5-6

STEP **3** 请部署上述文件夹内的 .msi程序。在部署时，请如图5-5-7所示选择**高级**。

STEP **4** 先在图5-5-8中设置此更新版软件的名称。

图 5-5-7

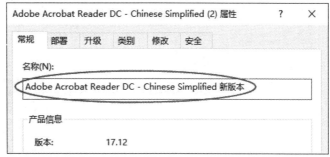

图 5-5-8

STEP **5** 我们部署此新版软件程序的目的，是用来更新客户端已经安装的旧版本软件，但是此版本的Acrobat Reader无法采用升级方式，只能将旧版本的卸载，再重新安装新版本，因此我们需要如图5-5-9所示在**升级**选项卡之下，将图中米用升级方式的默认项目删除。

图 5-5-9

STEP **6** 接着如图5-5-10所示继续单击**升级**选项卡之下 添加 按钮（假设我们也勾选**现有程序包所需的升级**）➲点选旧版的Adobe Acrobat Reader DC➲确认是选择**卸载现有程序数据包，然后安装升级数据包**➲……。

图 5-5-10

STEP **7**　如图5-5-11所示为完成后的界面。

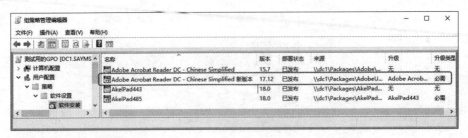

图 5-5-11

STEP **8**　到客户端来安装此被部署的新版Acrobat Reader DC：先重新登录以便应用策略设置，此版本Acrobat Reader DC需采用以下方式来安装【按⊞+ R 键�**⊃**输入control后按 Enter 键�**⊃**单击**程序**处的**获得程序**�**⊃**点选图5-5-4中的**AdobeAcrobatReader DC – Chinese Simplified新版本**后单击上方的**安装**】，系统会先卸载旧版本，再安装新版本。

图 5-5-12

第 6 章　限制软件的运行

我们可以通过**软件限制策略**（Software Restriction Policy，SRP）所提供的多种规则，来限制或允许用户可以运行的程序。

> ↘ 软件限制策略概述
> ↘ 启用软件限制策略

6.1 软件限制策略概述

我们在4-5节中介绍过如何利用文件名来限制用户可以或不可以运行特定的应用程序，然而如果用户有权更改文件名的话，就可以突破此限制，此时我们仍然可以通过本章的**软件限制策略**来管理。此策略的安全级别分为以下3种：

> **不受限**：所有登录的用户都可以运行指定的程序（只要用户拥有适当的访问权限，例如NTFS权限）。
> **不允许**：不论用户对程序文件的访问权限如何，都不允许运行。
> **基本用户**：允许以普通用户的权限（users组的权限）来运行程序。

系统默认的安全级别是所有程序都**不受限**，也就是只要用户对要运行的程序文件拥有适当访问权限的话，他就可以运行此程序。不过可以通过**哈希规则**、**证书规则**、**路径规则**与**网络区域规则**等4 种规则来建立例外的安全级别，以便拒绝用户运行所指定的程序。

6.1.1 哈希规则

哈希（hash）是根据程序的文件内容所算出来的一连串字节，不同程序有着不同的哈希值，所以系统可用它来识别程序。在为某个程序建立**哈希规则**，并利用它限制用户不允许运行此程序时，系统就会为该程序建立一个哈希值。而当用户要执行此程序时，其Windows系统就会比较自行算出来的哈希值是否与软件限制策略中的哈希值相同，如果相同，表示它就是被限制的程序，因此会被拒绝运行。

即使此程序的文件名被改变或被移动到其他位置，也不会改变其哈希值，因此仍然会受到哈希规则的约束。

> **附注**🖉
>
> 如果用户计算机端的程序文件内容被修改的话（例如感染计算机病毒），此时因为用户的计算机所算出的哈希值与哈希规则中的哈希值不同，因此不会认为它是受限制的程序，故不会拒绝此程序的运行。

6.1.2 证书规则

软件发行公司可以利用证书（certificate）来签署其所开发的程序，而软件限制策略可以通过此正式来识别程序，也就是说可以建立**证书规则**来识别利用此证书所签署的程序，以便允许或拒绝用户执行此程序。

6.1.3 路径规则

可以通过**路径规则**来允许或拒绝用户运行位于某个文件夹内的程序。由于是根据路径来识别程序，因此如果程序被移动到其他文件夹的话，此程序将不会再受到路径规则的约束。

除了文件夹路径外，也可以通过**注册表**路径来限制，例如开放用户可以执行在注册表中所指定的文件夹内的程序。

6.1.4 网络区域规则

可以利用**网络区域规则**来允许或拒绝用户执行位于某个区域内的程序，这些区域包含**本地计算机、Internet、本地 Intranet、受信任的站点与受限制的站点**。

除了本地计算机与Internet之外，可以设置其他三个区域内所包含的计算机或网站：【按 ⊞+R 键❏输入control后按 Enter 键❏网络和**Internet**❏**Internet选项**❏单击图6-1-1中的**安全**选项卡❏选择要设置的区域后单击 网站 按钮】。

图 6-1-1

附注 ✐

网络区域规则适用于扩展名为.msi的Windows Installer Package。

6.1.5 规则的优先级

可能会针对同一个程序设置不同的软件限制规则，而这些规则的优先级由高到低为：哈希规则、证书规则、路径规则、网络区域规则。

例如针对某个程序设置了哈希规则，并且设置其安全级别为**不受限**，然而同时针对此程序所在的文件夹设置了路径规则，并且设置其安全级别为**不允许**，此时因为哈希规则的优先级高于路径规则，故用户仍然可以运行此程序。

6.2 启用软件限制策略

可以通过本地计算机、站点、域与组织单位等四个不同地方来设置软件限制策略。以下将利用前几章所使用的组织单位**业务部**内的**测试用的GPO**来练习软件限制策略（如果尚未有此组织单位与GPO的话，请先建立）：请到域控制器上【单击左下角**开始**图标⊞⊃**Windows 管理工具**⊃**组策略管理**⊃展开到组织单位**业务部**⊃选中**测试用的GPO**并右击⊃编辑⊃在图6-2-1中展开**用户配置**⊃**策略**⊃**Windows设置**⊃**安全设置**⊃选中**软件限制策略**并右击⊃**创建软件限制策略**】。

图 6-2-1

接着单击图6-2-2中的**安全级别**，从右侧**不受限**前面的对勾符号可知默认安全级别是所有程序都**不受限**，也就是只要用户对要运行的程序文件拥有适当访问权限的话，他就可以运行该程序。

图 6-2-2

6.2.1　建立哈希规则

例如要利用哈希规则来限制用户不能安装号称**网络剪刀手**的Netcut的话，则其步骤如下所示（假设为Netcut 3.0版、其安装文件为Netcut.exe）：

STEP **1**　我们将到域控制器上设置，因此请先将Netcut 3.0的安装文件Netcut.exe复制到此计算机上。

STEP **2**　如图6-2-3所示【选中**其他规则**并右击➲**新建哈希规则**➲单击浏览按钮】。

图 6-2-3

STEP **3**　在图6-2-4中浏览到Netcut 3.0安装文件的存储位置后选择Netcut.exe，单击打开按钮。

图 6-2-4

STEP **4**　在图6-2-5中选择**不允许**安全级别后，单击确定按钮。

图 6-2-5

STEP 5 图6-2-6为完成后的界面。

图 6-2-6

位于组织单位**业务部**内的用户应用此策略后，在执行Netcut 3.0的安装文件Netcut.exe时会被拒绝，并且会出现图6-2-7的警告界面。

图 6-2-7

注意 🐁

1. 不同版本的Netcut，其安装文件的哈希值也都不相同，因此如果要禁止用户安装其他版本Netcut的话，需要再针对它们建立哈希规则。

2. 为了加强阻挡效果，建议也禁止用户执行Netcut可执行文件，例如如果可执行文件为Netcut.exe，则请针对此文件建立哈希规则来禁止用户执行此可执行文件。

6.2.2 建立路径规则

路径规则分为文件夹路径与注册表路径规则两种。路径规则中可以使用环境变量，例如 *%Userprofile%*、*%SystemRoot%*、*%Appdata%*、*%Temp%*、*%Programfiles%*等。

1．建立文件夹路径规则

举例来说，如果要利用文件夹路径规则来限制用户不能执行位于\\dc1\SystemTools共享文件夹内所有程序的话，则其设置步骤如下所示。

STEP **1**　如图6-2-8所示【选中**其他规则**并右击➲**新建路径规则**】。

图 6-2-8

STEP **2**　如图6-2-9所示来输入或浏览路径、**安全级别**选择**不允许**、单击 确定 按钮。

图 6-2-9

> 附注
>
> 如果只是要限制用户执行此路径内某个程序的话，请输入此程序的文件名，例如要限制的程序为netcut.exe的话，请输入\\dc1\SystemTools\netcut.exe；如果不论此程序位于何处，均要禁止用户执行的话，则输入程序名称netcut.exe即可。

STEP **3** 图6-2-10为完成后的界面。

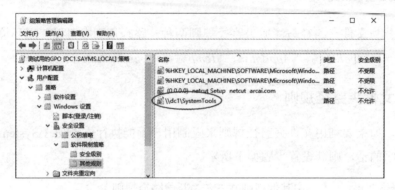

图 6-2-10

2. 建立注册表路径规则

可以通过**注册表**（registry）路径来开放或禁止用户执行路径内的程序，由图6-2-11中可看出系统已经内置了两个注册表路径。

图 6-2-11

其中第一个注册表路径是要开放用户可以执行位于以下注册表路径内的程序：

```
HKEY_LOCAL_MACHINE\SOFTWARE\Microsoft\Windows NT\CurrentVersion\SystemRoot
```

而可以利用注册表编辑器（REGEDIT.EXE）来查看其所对应到的文件夹，如图6-2-12所示为C:\Windows，也就是说用户可以执行位于文件夹C:\Windows内的所有程序。

图 6-2-12

如果要编辑或新建注册表路径规则的话，记得在路径前后要附加%符号，例如：

```
%HKEY_LOCAL_MACHINE\SOFTWARE\Microsoft\WindowsNT\CurrentVersion\SystemRoot%
```

6.2.3 建立证书规则

由于客户端计算机默认并未启用证书规则，因此这些计算机在执行扩展名为.exe的可执行文件时，并不会处理与证书有关的事宜。以下我们将先启用客户端的证书规则，然后再来建立证书规则。

1. 启用客户端的证书规则

证书规则的启用是通过组策略来设置的，以下假设是要针对组织单位**业务部**内的计算机来启用证书规则，而且是通过**测试用的GPO**来设置。

请到域控制器上【单击左下角**开始**图标⊞**⊃Windows 管理工具⊃组策略管理⊃**展开到组织单位**业务部⊃**选中**测试用的GPO**并右击**⊃编辑⊃**在图6-2-13中展开**计算机配置⊃策略⊃Windows设置⊃安全设置⊃本地策略⊃安全选项⊃**将右侧的**系统设置：将Windows可执行文件中的证书规则用于软件限制策略**设置为**已启用**】。完成后，位于此组织单位**业务部**内的计算机在应用策略后便具备通过证书来限制程序执行的功能。

图 6-2-13

> **附注**
>
> 如果要启用本地计算机的证书规则：【执行**GPEDIT.MSC⊃计算机配置⊃Windows设置...**（以下与前述域组策略路径相同）】，若此设置与域组策略设置发生冲突时，则以域组策略的设置优先。

也可以通过以下方法来启用客户端的证书规则：【在图6-2-14中展开**计算机配置⊃策略⊃Windows设置⊃安全设置⊃软件限制策略⊃**双击右侧的**强制⊃**点选**强制证书规则**】。

图 6-2-14

2. 建立证书规则

以下假设在组织单位**业务部**内默认的安全级别是**不允许**，也就是此组织单位内的用户无法运行所有程序，但只要程序是经过Sayms公司所申请的**代码签署证书**签署的话，该程序就允许运行，假设此证书的证书文件为SaymsCert.cer。

> **附注** 🖉
>
> 可以通过自行搭建的CA来练习，其步骤为：搭建CA（例如独立根CA）、利用浏览器来向此CA申请**代码签名证书**（记得勾选**将密钥标记为可导出**）、下载与安装证书、将证书导出保存（通过【按⊞+ R 键➲输入control后按 Enter 键➲网络和Internet➲Internet选项➲内容➲证书➲选择证书➲导出】的方法）。CA与证书的完整说明可参考《Windows Server 2016 网络管理与架站》。

STEP **1** 选中图6-2-15中的**其他规则**并右击➲**新建证书规则**➲单击 浏览 按钮。

图 6-2-15

STEP 2 在图6-2-16中浏览到证书文件SaymsCert.cer后单击打开按钮。

图 6-2-16

STEP 3 在图6-2-17中选择**不受限**后单击确定按钮。

图 6-2-17

STEP 4 图6-2-18为完成后的界面。位于组织单位**业务部**内的用户应用此策略后，在运行所有经过Sayms证书签名的程序时，都会被允许。

图 6-2-18

6.2.4　建立网络区域规则

可利用**网络区域规则**来允许或拒绝用户执行位于某个区域内的程序，这些区域包含**本地计算机、Internet、本地 Intranet、受信任的站点与受限制的站点**。

建立网络区域规则的方法与其他规则很类似，也就是如图6-2-19所示【选中**其他规则**并右击➲**新建网络区域规则**➲从**网络区域**下拉列表中选择区域➲选择**安全级别**】，图中表示只要是位于**受限制的站点**内的程序都不允许运行。图6-2-20为完成后的界面。

图 6-2-19

图 6-2-20

6.2.5　不要将软件限制策略应用到本地系统管理员

如果不想将软件限制策略应用到本地系统管理员组（Administrators）的话，可以如图6-2-21所示【双击**软件限制策略**右侧的**强制**➲在**将软件限制策略应用到下列用户**处选择**除本地管理员以外的所有用户**➲单击**确定**按钮】。

图 6-2-21

第 7 章　建立域树与林

我们在第2章已经介绍过如何建立单一域的网络环境，而本章将更进一步介绍如何建立完整的**域树**（domain tree）与**林**（forest）。

- 建立第一个域
- 建立子域
- 建立林中的第二个域树
- 删除子域与域树
- 更改域控制器的计算机名称

7.1 建立第一个域

在开始建立域树与林之前，如果对**Active Directory域服务**（AD DS）的概念还不是很清楚的话，请先参考第1章的说明。以下利用图7-1-1中的林结构来说明，此林内包含左右两个域树：

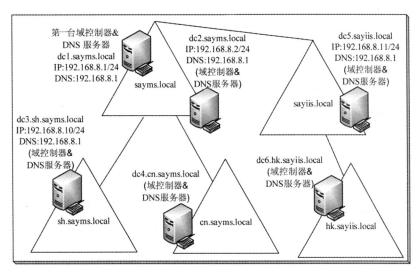

图 7-1-1

↘ **左边的域树**：它是这个林内的第一个域树，其根域的域名为sayms.local。根域之下有两个子域，分别是sh.sayms.local与cn.sayms.local。林名称是以第一个域树的根域名称来命名的，所以这个林的名称就是sayms.local。

↘ **右边的域树**：它是这个林内的第二个域树，其根域的域名为sayiis.local。根域之下有一个子域hk.sayiis.local。

建立域之前的准备工作与如何建立图中第一个域sayms.local的方法，都已经在第2章介绍过了。本章将只介绍如何建立子域（例如图中的sh.sayms.local）与第二个域树（例如图右边的sayiis.local）。

7.2 建立子域

以下通过将前面图7-1-1中 dc3.tw.sayms.local 升级为域控制器的方式来建立子域tw.sayms.local，这台服务器可以是独立服务器或隶属于其他域的现有成员服务器。请先确定前面图7-1-1中的根域sayms.local已经建立完成。

STEP 1 请先在图7-1-1左下角的服务器dc3.sh.sayms.local上安装Windows Server 2016、将其计算机名称设置为dc3、IPv4地址等如图所示来设置（图中采用TCP/IPv4）。注意将计算机名称设置为dc3即可，等升级为域控制器后，就会自动改为dc3.sh.sayms.local。

STEP 2 打开**服务器管理器**、单击**仪表板**处的**添加角色和功能**。

STEP 3 持续单击 下一步 按钮，直到在图7-2-1中勾选**Active Directory域服务**，单击 添加功能 按钮。

图 7-2-1

STEP 4 持续单击 下一步 按钮，直到出现**确认安装选项**界面时单击 安装 按钮。

STEP 5 图7-2-2为完成安装后的界面，请单击**将此服务器提升为域控制器**。

图 7-2-2

附注

若在图7-2-2中直接单击 关闭 按钮，则之后要将其升级为域控制器的话，请如图7-2-3所示单击**服务器管理器**上方旗帜符号，单击**将此服务器提升为域控制器**。

图 7-2-3

STEP **6**   如图 7-2-4 所示选择**将新域添加到现有林**、选择域类型为**子域**、输入父域名 sayms.local、新域名为 sh 后单击 更改 按钮。

图 7-2-4

STEP **7**   如图 7-2-5 所示输入有权限新建子域的用户账户（例如 sayms \administrator）与密码后单击 确定 按钮。回到前一个界面后单击 下一步 按钮。

图 7-2-5

 注意

仅林根域 sayms.local 中 Enterprise Admins 组成员才有权限创建子域。

STEP **8**   完成图7-2-6中的设置后单击 下一步 按钮。

↘ 选择域功能级别：此处假设选择Windows Server 2016

↘ 默认会直接在此服务器上安装DNS服务器

↘ 默认会扮演**全局编录**服务器的角色

↘ 新域的第一台域控制器不能是只**读域控制器**（RODC）

↘ 选择新域控制器所在的AD DS站点，目前只有一个默认的站点Default-First-Site-Name 可供选择

↘ 设置**目录服务还原模式**的系统管理员密码

图 7-2-6

注意 ⚙️

密码默认需要至少7个字符，且不能包含用户账户名称（指**用户SamAccountName**）或全名，还有至少要包含A~Z、a~z、0~9、非字母数字（例如!、$、#、%）等4组字符中的3组，例如123abcABC为有效密码，而1234567为无效密码。

STEP **9**   出现如图7-2-7所示的界面时直接单击 下一步 按钮。

图 7-2-7

STEP **10**   在图7-2-8中单击 下一步 按钮。图中安装向导会为此子域设置一个NetBIOS格式的域名（不分大小写），客户端也可以利用此NetBIOS名称来访问此域的资源。默认 NetBIOS域名为DNS域名中第一个句点左侧的文字，例如DNS名称为sh.sayms.local，

则NetBIOS名称为SH。

图 7-2-8

STEP **11**   在图7-2-9中可直接单击 下一步 按钮：

↘ **数据库文件夹**：用来存储AD DS数据库。

↘ **日志文件文件夹**：用来存储AD DS的变更日志，此日志文件可被用来修复AD DS数据库。

↘ **SYSVOL文件夹**：用来存储域共享文件（例如组策略相关的文件）。

图 7-2-9

STEP **12**   在**查看选项**界面中单击 下一步 按钮。

STEP **13**   在如图7-2-10所示的界面中，如果顺利通过检查的话，就直接单击 安装 按钮，否则请根据界面提示先排除问题。

图 7-2-10

STEP **14** 安装完成后会自动重启计算机。可在此域控制器上利用子域系统管理员 sh\administrator或林根域系统管理员sayms\administrator身份登录。

完成域控制器的安装后，因为它是此域中的第一台域控制器，故原本这台计算机内的本地用户账户会被转移到此域的AD DS数据库内。由于这台域控制器同时也安装了DNS服务器，因此其会自动建立如图7-2-11所示的区域sh.sayms.local，它被用来提供此区域的查询服务。

图 7-2-11

同时此台DNS服务器会将**非sh.sayms.local域**（包含sayms.local）的查询请求，通过**转发器**转发给sayms.local的DNS服务器dc1.sayms.local（192.168.8.1）来处理，可以通过以下方法来查看此设置【如图7-2-12所示单击服务器**DC3**➪单击上方**属性**图标➪如前景图所示的**转发器**选项卡】。

图 7-2-12

另外，此服务器的**首选DNS服务器**会如图7-2-13所示被改为指向自己（127.0.0.1）、**备用DNS服务器**指向sayms.local的DNS服务器dc1.sayms.local（192.168.8.1）。

图 7-2-13

同时在sayms.local的DNS服务器dc1.sayms.local内也会自动在区域sayms.local之下建立如图7-2-14所示的委派域（sh）与名称服务器记录（NS），以便当它接收到查询sh.sayms.local的请求时，可将其转发给服务器dc3.sh.sayms.local来处理。

图 7-2-14

🔍 根域sayms.local的用户是否可以在子域sh.sayms.local的成员计算机上登录？子域sh.sayms.local的用户是否可以在根域sayms.local的成员计算机上登录？

🅰 都可以。任何域的所有用户，默认都可在同一个林的其他域的成员计算机上登录，但域控制器除外，因默认只有隶属于Enterprise Admins组（位于林根域sayms.local内）的用户才有权限在所有域内的域控制器上登录。每一个域的系统管理员（Domain Admins），虽然可以在所属域的域控制器上登录，但却无法在其他域的域控制器上登录，除非另外被赋予**允许本地登录**的权限。

7.3 建立林中的第二个域树

在现有**林**中新建第二个（或更多个）**域树**的方法为：先建立此域树中的第一个域，而建立第一个域的方法是通过建立第一台域控制器的方式来实现的。

假设我们要新建一个如图7-3-1右侧所示的域sayiis.local，由于这是该域树中的第一个域，所以它是这个新域树的根域。我们要将sayiis.local域树加入到林saysms.local中（saysms.local是第一个域树的根域的域名，也是整个林的林名称）。

以下将通过建立图7-3-1中域控制器dc5.sayiis.local的方式，来建立第二个域树。

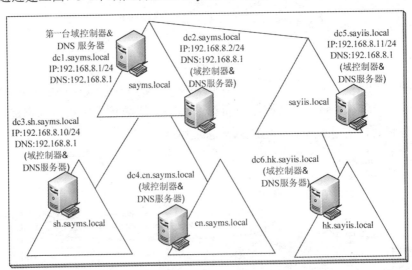

图 7-3-1

7.3.1 选择适当的DNS架构

如果要将sayiis.local域树加入到林saysms.local中的话，就必须在建立域控制器dc5.sayiis.local时能够通过DNS服务器来找到林中的**域命名操作主机**（domain naming operations master），否则无法建立域sayiis.local。**域命名操作主机**默认是由林中第一台域控制器所扮演（详见第10章），以图7-3-1来说，它就是dc1.saysms.local。

还有在DNS服务器内必须有一个名称为sayiis.local的**主要区域**，以便让域sayiis.local的域控制器能够将自己注册到此区域内。域sayiis.local与saysms.local可以使用同一台DNS服务器，也可以各自使用不同的DNS服务器。

⬋ **使用同一台DNS服务器**：请在这台DNS服务器内另外建立一个名称为sayiis.local的主要区域，并启用动态更新功能。此时这台DNS服务器内同时拥有saysms.local与sayiis.local两个区域，如此saysms.local与sayiis.local的成员计算机都可以通过此台DNS

服务器来找到对方。

↘ **使用不同的DNS服务器，并通过区域传送来复制记录：**请在这台DNS服务器（见图7-3-2右半部）内建立一个名称为sayiis.local的主要区域，并启用动态更新功能，还需要在这台DNS服务器内另外建立一个名称为sayms.local的辅助区域，此区域内的记录需要通过**区域传送**从域sayms.local的DNS服务器（图7-3-2左半部）复制过来，它让域sayiis.local的成员计算机可以找到域sayms.local的成员计算机。

图 7-3-2

同时也需要在域sayms.local的DNS服务器内另外建立一个名称为sayiis.local的辅助区域，此区域内的记录也需要通过**区域传送**从域sayiis.local的DNS服务器复制过来，它让域sayms.local的成员计算机可以找到域sayiis.local的成员计算机。

↘ **其他情况：**我们前面所搭建的sayms.local域环境是将DNS服务器直接安装到域控制器上，因此其中会自动建立一个DNS区域sayms.local（如图7-3-3中左侧的Active Directory集成区域sayms.local），接下来在安装sayiis.local的第一台域控制器时，默认也会在这台服务器上安装DNS服务器，并且自动建立一个DNS区域sayiis.local（如图7-3-3中右侧的Active Directory集成区域sayiis.local），而且还会自动设置转发器来将其他区域（包含sayms.local）的查询请求转发给图中左侧的DNS服务器，因此sayiis.local的成员计算机可以通过右侧的DNS服务器来同时查询sayms.local与sayiis.local区域的成员计算机。

图 7-3-3

不过这里还必须在左侧的DNS服务器内自行建立一个sayiis.local辅助区域，此区域内的记录需要通过**区域传送**从右侧的DNS服务器复制过来，它让域sayms.local的成员计算机可以找到域sayiis.local的成员计算机。

> **注意** ✎
>
> 也可以在左侧的DNS服务器内，通过**条件转发器**只将sayiis.local的查询转发给右侧的DNS服务器，如此就可以不需要建立辅助区域sayiis.local，也不需要区域传送。注意由于右侧的DNS服务器已经使用**转发器**设置将sayiis.local之外的所有其他区域的查询，转发给左侧的DNS服务器，因此左侧DNS服务器请使用**条件转发器**，而不要使用一般的**转发器**，否则除了sayms.local与sayiis.local两个区域之外，其他区域的查询将会在这两台DNS服务器之间循环。

7.3.2　建立第二个域树

以下采用图7-3-3的DNS架构来建立林中第二个域树sayiis.local，并且是通过将前面图7-3-1中dc5.sayiis.local升级为域控制器的方式来建立此域树，这台服务器可以是独立服务器或隶属于其他域的现有成员服务器。

STEP **1**　请先在图7-3-1右上角的服务器dc5.sayiis.local上安装Windows Server 2016、将其计算机名称设置为dc5、IPv4地址等如图所示来设置（图中采用TCP/IPv4）。注意将计算机名称设置为dc5即可，等升级为域控制器后，它就会自动被改为dc5.sayiis.local。还有**首选DNS服务器**的IP地址请指定到192.168.8.1，以便通过它来找到林中的**域命名操作主机**（也就是第一台域控制器dc1），等dc5升级为域控制器与安装DNS服务器后，系统会自动将其**首选DNS服务器**的IP地址改为自己（127.0.0.1）。

STEP **2**　打开**服务器管理器**、单击**仪表板**处的**添加角色和功能**。

STEP **3**　持续单击下一步按钮，直到在图7-3-4中勾选**Active Directory域服务**，单击添加功能按钮。

图 7-3-4

STEP **4**　持续单击下一步按钮，直到出现**确认安装选项**界面时单击安装按钮。

STEP **5**　图7-3-5为完成安装后的界面，请单击**将此服务器提升为域控制器**。

图 7-3-5

STEP **6** 如图7-3-6所示选择**将新域添加到现有林**、域类型选择**树域**、输入要加入的林名称 sayms.local、输入新域名为sayiis.local后单击更改按钮。

图 7-3-6

STEP **7** 如图7-3-7所示输入有权限新建域树的用户账户（例如sayms\administrator）与密码后单击确定按钮。回前一个界面后单击下一步按钮。

图 7-3-7

 注意

只有林根域sayms.local内的组Enterprise Admins的成员才有权限建立域树。

STEP 8 完成图7-3-8中的设置后单击 下一步 按钮：

↘ 选择域功能级别：此处假设选择Windows Server 2016。

↘ 默认会直接在此服务器上安装DNS服务器。

↘ 默认会扮演**全局编录**服务器的角色。

↘ 新域的第一台域控制器不能是只**读域控制器**（RODC）。

↘ 选择新域控制器所在的AD DS站点，目前只有一个默认的站点Default-First-Site-Name可供选择。

↘ 设置**目录服务还原模式**的系统管理员密码（需要符合复杂性需求）。

图 7-3-8

STEP 9 出现如图7-3-9所示的界面表示安装向导找不到父域，因而无法设置父域将查询sayiis.local的工作委派给此台DNS服务器，然而此sayiis.local为根域，它并不需要通过父域来委派，故直接单击 下一步 按钮即可。

图 7-3-9

STEP 10 在图7-3-10中单击 下一步 按钮。图中安装向导会为此子域设置一个NetBIOS格式的域名（不分大小写），客户端也可以利用此NetBIOS名称来访问此域的资源。默认NetBIOS域名为DNS域名中第一个句点左侧的文字，例如DNS名称为sayiis.local，则NetBIOS名称为SAYIIS。

图 7-3-10

STEP **11** 在图7-3-11中可直接单击下一步按钮。

图 7-3-11

STEP **12** 在**查看选项**界面中单击下一步按钮。

STEP **13** 在图7-3-12界面中，如果顺利通过检查的话，就直接单击安装按钮，否则请根据界面提示先排除问题。

图 7-3-12

> **注意** 🔊
>
> 除了sayms.local的dc1之外，sh.sayms.local的dc3也必须在在线，否则无法将跨域的信息（例如架构目录分区、配置目录分区）复制给所有域，因而无法建立sayiis.local域与树状目录。

STEP **14** 安装完成后会自动重启。可在此域控制器上利用域sayiis.local的系统管理员sayiis\administrator或林根域系统管理员sayms\ administrator身份登录。

完成域控制器的安装后，因它是此域中的第一台域控制器，故原本此计算机内的本地用户账户会被转移到AD DS数据库。它同时也安装了DNS服务器，其中会自动建立如图7-3-13所示的区域sayiis.local，用来提供此区域的查询服务。

图 7-3-13

此DNS服务器会将**非sayiis.local**的所有其他区域（包含sayms.local）的查询要求通过**转发器**转发给sayms.local的DNS服务器（IP地址为192.168.8.1），可以在DNS管理控制台内通过【如图7-3-14所示单击服务器DC5➲单击上方**属性**图标➲如前景图所示的**转发器**选项卡来查看此设置】。

图 7-3-14

这台服务器的**首选 DNS 服务器**的IP地址会如图7-3-15所示被自动改为指向自己（127.0.0.1），而原本位于**首选DNS服务器**的IP地址（192.168.8.1）会被设置为**备用DNS服务器**。

图 7-3-15

我们等一下要到DNS服务器dc1.sayms.local内建立一个辅助区域sayiis.local，以便让域sayms.local的成员计算机可以查找到域sayiis.local的成员计算机。此区域内的记录将通过**区域传送**从dc5.sayiis.local复制过来，不过我们需要先在dc5.sayiis.local内设置，来允许此区域内的记录可以**区域传送**给dc1.sayms.local（192.168.8.1）：如图7-3-16所示【选中区域**sayiis.local**➾单击上方**属性**图标➾如前景图所示通过**区域传送**选项卡来设置】。

图 7-3-16

接下来到dc1.sayms.local这台DNS服务器上新建正向辅助区域sayiis.local，并选择从192.168.8.11（dc5.sayiis.local）来执行**区域传送**操作，也就是其**主服务器**是192.168.8.11（dc5.sayiis.local），图7-3-17为完成后的界面，界面右侧的记录是从dc5.sayiis.local通过**区域传送**传送过来的。

图 7-3-17

1. 如果区域sayiis.local前出现红色X符号的话，请先确认dc5.sayiis.local已允许区域传送给dc1.sayms.local，然后【选中sayiis.local区域并右击➊选择**从主服务器传输**或**从主服务器传送区域的新副本**】。

2. 如果要建立图7-3-1中sayiis.local之下子域hk.sayiis.local的话，请将dc6.hk.sayiis.local的**首选DNS服务器**指定到dc5.sayiis.local（192.168.8.11）。

7.4 删除子域与域树

我们将利用图7-4-1中左下角的域sh.sayms.local来说明如何移除子域、同时利用右侧的域sayiis.local来说明如何删除域树。删除的方式是将域中的最后一台域控制器降级，也就是将AD DS 从该域控制器删除。至于如何删除额外域控制器dc2.sayms.local与林根域sayms.local的说明已经在第2章介绍过了，此处不再重复。

图 7-4-1

必须是Enterprise Admins组内的用户才有权利来删除子域或域树。由于删除子域与域树的步骤类似，因此以下利用删除子域 sh.sayms.local 为例来说明，而且假设图中的dc3.sh.sayms.local是这个域中的最后一台域控制器。

STEP 1 到域控制器dc3.sh.sayms.local上利用sayms\Administrator身份（Enterprise Admins组的成员）登录➲打开**服务器管理器**➲选择图7-4-2中**管理**菜单下的**删除角色和功能**。

图 7-4-2

STEP 2 持续单击 下一步 按钮，直到出现图7-4-3的界面时，取消勾选**Active Directory域服务**，单击 删除功能 按钮。

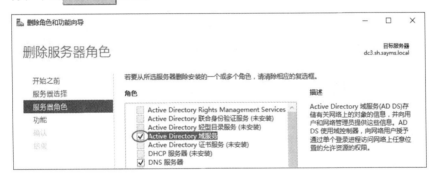

图 7-4-3

STEP 3 出现图7-4-4的界面时，单击**将此域控制器降级**。

图 7-4-4

STEP 4 当前登录的用户为sayms\Administrator，该用户有权移除此域控制器，故请在图7-4-5中直接单击下一步按钮（否则需单击更改按钮来输入另一个账户与密码）。同时因为它是此域的最后一台域控制器，故需要勾选**域中的最后一个域控制器**。

图 7-4-5

附注

如果因故无法删除此域控制器的话，可以勾选图中的**强制删除此域控制器**。

STEP 5 在图7-4-6中勾选**继续删除**后单击下一步按钮。

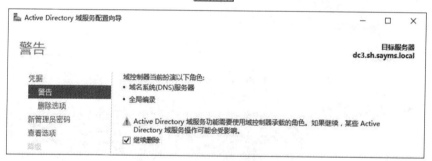

图 7-4-6

STEP 6 出现如图7-4-7所示的界面时，可选择是否要删除DNS区域与应用程序目录分区。由于图中选择了将DNS区域删除，因此也要将父域（sayms.local）内的DNS子区域（sh，参见前面图7-2-14）一起删除，也就是勾选**删除DNS委派**。单击下一步按钮。

图 7-4-7

> **附注** ✎
>
> 如果没有权限删除父域的DNS委派区域的话，请通过单击 更改 按钮来输入Enterprise Admins内的用户账户（例如sayms\Administrator）与密码。

STEP **7**　在图7-4-8中为这台即将被降级为独立服务器的计算机，设置其本地Administrator的新密码（需要符合密码复杂性要求）后单击 下一步 按钮。

图 7-4-8

STEP **8**　在**查看选项**界面中单击 降级 按钮。

STEP **9**　完成后会自动重新启动计算机，请重新登录。

> **附注** ✎
>
> 虽然此服务器已经不再是域控制器了，不过其**Active Directory域服务**组件仍然存在，并没有被删除，因此如果之后要再将其升级为域控制器的话，请单击**服务器管理器**上方旗帜符号，单击**将此服务器提升为域控制器**（可参考图7-2-3）。以下我们将继续执行删除**Active Directory域服务**组件的步骤。

STEP **10**　在服务器管理器中单击管理菜单下的删除角色和功能。

STEP **11**　持续单击 下一步 按钮，直到出现如图7-4-9所示的界面时，取消勾选**Active Directory域服务**，单击 删除功能 按钮。

图 7-4-9

STEP **12** 回到**删除服务器角色**界面时，确认**Active Directory域服务**已经被取消勾选（也可以同时取消勾选**DNS服务器**）后单击 下一步 按钮。

STEP **13** 出现**删除功能**界面时，单击 下一步 按钮。

STEP **14** 在**确认删除选项**界面中单击 删除 按钮。

STEP **15** 完成后，重新启动计算机。

7.5 更改域控制器的计算机名称

如果因为公司组织变更或为了让管理工作更为方便，而需要更改域控制器的计算机名称的话，此时可以使用Netdom.exe程序。必须至少是隶属于Domain Admins组内的用户，才有权限更改域控制器的计算机名称。以下范例假设要将域控制器dc5.sayiis.local改名为dc5x.sayiis.local。

STEP **1** 到dc5.sayiis.local以系统管理员sayiis\Administrator的身份登录➲单击左下角**开始**图标➲**Windows PowerShell**➲执行以下命令（参见图7-5-1）：

```
netdomcomputernamedc5.sayiis.local /add:dc5x.sayiis.local
```

```
管理员: Windows PowerShell                              —    □    ×

PS C:\> netdom computername dc5.sayiis.local /add:dc5x.sayiis.local
已成功将 dc5x.sayiis.local
添加为计算机的替换名称。

命令成功完成。

PS C:\>
```

图 7-5-1

其中dc5.sayiis.local（主要计算机名称）为当前的旧计算机名称、而dc5x.sayiis.local为新计算机名称，它们都必须是FQDN。上述命令会为这台计算机另外新建DNS计算机名称dc5x.sayiis.local（与NetBIOS计算机名称DC5X），并更新此计算机账户在AD DS中的SPN（service principal name）属性，也就是在这个SPN属性内同时拥有当前的旧计算机名称与新计算机名称。注意新计算机名称与旧计算机名称的后缀必须相同，例如都是sayiis.local。

> **附注** 🖉
>
> SPN（service principal name）是一个包含多重设置值（multivalue）的名称，它是根据DNS主机名来建立的。SPN用来代表某台计算机所支持的服务，其他计算机可以通过SPN来与这台计算机的服务通信。

STEP **2** 可以通过以下方法来查看在 AD DS 内新建的信息：【 按⊞+ R 键 ➲ 执行 ADSIEDIT.MSC➲选中**ADSI编辑器**并右击➲**连接到**➲直接单击确定按钮（采用**默认命令上下文**）➲如图7-5-2背景图所示展开到**CN=DC5**➲单击上方**属性**图标➲从前景图可看到另外新建了计算机名称DC5X与dc5x.sayiis.local】。

图 7-5-2

STEP **3** 如图7-5-3背景图所示继续往下浏览到属性servicePrincipalName，双击它后可从前景图看到添加在SPN属性内与新计算机名称有关的属性值。

图 7-5-3

STEP **4** 上述命令也会在DNS服务器内注册新计算机名称的记录，如图7-5-4所示。

图 7-5-4

STEP **5** 请等候一段足够的时间，以便让SPN属性复制到此域内的所有域控制器，而且管辖此域的所有DNS服务器都接收到新记录后，再继续以下删除旧计算机名称的步骤，否则因为有些客户端通过DNS服务器所查询到的计算机名称可能是旧的，同时其他域控制器可能仍然是通过旧计算机名称来与这台域控制器通信，故如果先执行以下删除旧计算机名称步骤的话，则它们利用旧计算机名称来与这台域控制器通信时会失败，因为旧计算机名称已经被删除，因而会找不到这台域控制器。

STEP **6** 执行以下命令（如图7-5-5所示）：

```
netdomcomputernamedc5.sayiis.local  /makeprimary:dc5x.sayiis.local
```

此命令会将新计算机名称dc5x.sayiis.local设置为主要计算机名称。

图 7-5-5

STEP **7** 重新启动计算机。

STEP **8** 以系统管理员身份到dc5.sayiis.local登录➲单击左下角**开始**图标⊞➲**Windows PowerShell**➲执行以下命令：

```
netdomcomputernamedc5x.sayiis.local  /remove:dc5.sayiis.local
```

此命令会将当前的旧计算机名称删除，在删除此计算机名称之前，客户端计算机可以同时通过新、旧计算机名称来找到这台域控制器。

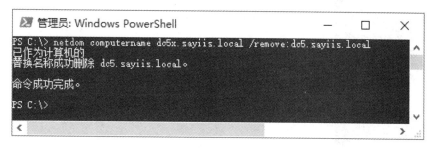

图 7-5-6

虽然也可以直接通过【打开**服务器管理器**➲单击**本地服务器**➲单击**计算机名称**处的计算机名称dc5➲如图7-5-7所示单击 更改 按钮】的防范来更改计算机名称，然而这种方法会将目前的旧计算机名称直接删除，换成新计算机名称，也就是新旧计算机名称不会并存一段时间。这个计算机账户的新SPN属性与新DNS记录，会延迟一段时间后才复制到其他域控制器与DNS服务器，因而在这段时间内，有些客户端在通过这些DNS服务器或域控制器来查找这台域控制器时，仍然会使用旧计算机名称，但是因为旧计算机名称已经被删除，故会找不到这台域控制器，因此建议还是采用**netdom**命令来更改域控制器的计算机名称。

图 7-5-7

附注

也可以利用Random.exe等相关命令来更改域名，不过步骤较烦琐，有需要的话，请参考微软网站上的说明文件。

第 8 章　管理域与林信任

两个域之间具备信任关系后，双方的用户便可以访问对方域内的资源并利用对方域的成员计算机登录。

- ꜱ 域与林信任概述
- ꜱ 建立快捷方式信任
- ꜱ 建立林信任
- ꜱ 建立外部信任
- ꜱ 管理与删除信任

8.1 域与林信任概述

信任（trust）是两个域之间沟通的桥梁，两个域相互信任之后，双方的用户便可以访问对方域内的资源，利用对方域的成员计算机登录。

8.1.1 信任域与受信任域

以图8-1-1来说明，当A域**信任**B域后：

> A域被称为**信任域**（trusting domain），而B域被称为**受信任域**（trusted domain）。

> B域的用户只要具备适当的权限，就可以访问A域内的资源，例如文件、打印机等，因此A域被称为**资源域**（resources domain），而B域被称为**账户域**（accounts domain）。

> B域的用户可以到A域的成员计算机上登录。

图 8-1-1

> **注意** 🔦
>
> A域的用户却不能访问B域内资源、也不能到B域的成员计算机上登录，除非B域也信任A域。

> 图中的信任关系是**A域信任B域**的单向信任（one-way trust），如果B域也同时信任A域的话，则我们将其称为**双向信任**（sho-way trust），此时双方都可以访问对方的资源，也可以利用对方的成员计算机登录。

8.1.2 跨域访问资源的流程

当用户在某台计算机登录时，系统必须验证用户身份，而在验证身份的过程中，除了需要确认用户名称与密码无误外，系统还会为用户建立一个**access token**（访问令牌），其中包含着该用户账户的SID（Security Identifier）、用户所隶属的所有组的SID等数据。用户取得这个access token后，当他要访问本地计算机内的资源时（例如文件），便会出示access token，而系统会根据access token内的SID数据来决定用户拥有何种权限。

> **附注**
>
> 负责验证用户身份的服务是Local Security Authority（LSA），而验证用户身份的方法分为Kerberos与NTLM两种。

同理当用户连接网络上其他计算机时，这台计算机也会为该用户建立一个access token，而当用户要访问此网络计算机内的资源时（例如共享文件夹），便会出示access token，这台网络计算机便会根据access token内的SID数据，来决定用户拥有何种访问权限。

> **注意**
>
> 由于access token是在登录（本地登录或网络登录）时建立的，因此如果在用户登录成功之后，才将用户加入到组的话，此时该access token内并没有包含这个组的SID，因此用户也不会具备该组所拥有的权限。用户必须注销再重新登录，以便重新建立一个包含这个组SID的access token。

图8-1-2为一个域树，图中父域（sayms.local）与两个子域（sh.sayms.local与cn.sayms.local）之间有着双向信任关系。我们利用此图来解释域信任与用户身份验证之间的关系，而且是要通过**子域cn.sayms.local信任根域sayms.local、根域sayms.local信任子域sh.sayms.local**这条信任路径（trust path），来解释当位于子域sh.sayms.local内的用户George要访问另外一个子域cn.sayms.local内的资源时，系统是如何来验证用户身份与如何来建立access token。

图 8-1-2

图中George是子域sh.sayms.local的用户，而ServerA位于另一个子域cn.sayms.local内，当George要访问共享文件夹\\ServerA\tools时，George的计算机需要先取得一个用来与ServerA通信的**service ticket**（服务票证）。George的计算机取得service ticket并与ServerA通信成功后，ServerA会发放一个access token给George，以便让George利用这个access token来访问位于ServerA内的资源。以下详细说明其流程（请参照图8-1-2中的数字）：

（1）George利用所属域sh.sayms.local内的用户账户登录。

当George在工作站A登录时，会由其所属域的域控制器DC1来负责验证George的用户名称与密码，同时发放一个Ticket-Granting-Ticket （TGT，索票凭证）给George，以便让George利用TGT来索取一个用来与ServerA通讯的service ticket。用户George登录成功后，开始访问共享文件夹\\ServerA\tools的流程。

> **附注** ✐
>
> 可以将TGT视为**通行证**，用户必须拥有TGT后，才可以索取service ticket。

（2）工作站A会向所属域内扮演Key Distribution Center（KDC）角色的域控制器DC1，索取一个用来与服务器ServerA通信的service ticket。

（3）域控制器DC1检查其数据库后，发现ServerA并不在它的域内（sh.sayms.local），因此转向全局编录服务器来查询ServerA是位于哪一个域内。

全局编录服务器根据其AD DS数据库的记录，得知服务器ServerA是位于子域cn.sayms.local内，便将此信息通告域控制器DC1。

（4）域控制器DC1得知ServerA是位于域cn.sayms.local后，它会根据信任路径，通知工作站A去找信任域sayms.local的域控制器DC2。

（5）工作站A向域sayms.local的域控制器DC2查询域cn.sayms.local的域控制器。域控制器DC2通知工作站A去找域控制器DC3。

（6）工作站A向域控制器DC3索取一个能够与ServerA通讯的service ticket。域控制器DC3发放service ticket给工作站A。

（7）工作站A取得service ticket后，它会将service ticket发送给ServerA。ServerA读取service ticket内的用户身份数据后，会根据这些数据来建立access token，然后将access token发送给用户George。

从上面的流程可知，当用户要访问另外一个域内的资源时，系统会根据信任路径，依序跟每一个域内的域控制器交互后，才能够取得access token，并依据access token内的SID数据来决定用户拥有何种权限。

8.1.3　信任的种类

总共有6 种类型的信任关系，如表8-1-1所示，其中前面两种是在新建域时，由系统自动建立的，其他4种必须自行手动建立。

表8-1-1

信任类型名称	传递性	单向或双向
父－子（Parent-Child）	是	双向
树状－根目录（Tree-Root）	是	双向
快捷方式（Shortcut）	是（部分）	单向或双向
林（Forest）	是（部分）	单向或双向
外部（External）	否	单向或双向
领域（Realm）	是或否	单向或双向

1.　父－子信任

同一个域树中，父域与子域之间的信任关系称为**父－子**信任，例如图8-1-3中的sayms.local与sh.sayms.local之间、sayms.local与cn.sayms.local之间、sayiis.local与hk.sayiis.local之间，这个信任关系是自动建立的，也就是说当在域树内新建任何一个AD DS子域后，此子域便会自动信任其上一层的父域，同时父域也会自动信任这个新的子域，而且此信任关系具备**双向可传递性**（相关说明可参考第1章）。

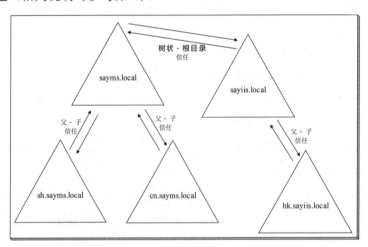

图 8-1-3

2.　树状－根目录信任

同一个林中，林根域（forest root domain，如图8-1-3中的sayms.local）与其他域树的根域（tree root domain，如图中的sayiis.local）之间的信任关系被称为**树状－根目录信任**。

此信任关系是自动建立的，也就是说当在现有林中新建一个域树后，**林根域**与这个新**域树根域**之间会自动相互信任对方，而且这些信任关系具备**双向可传递性**，因此双方的所有域之间都会自动双向信任。

3．快捷方式信任

　　快捷方式信任可以缩短验证用户身份的时间。例如若图8-1-4中域cn.sayms.local内的用户经常需要访问域hk.sayiis.local内的资源，如果按照一般验证用户身份所走的信任路径，就必须浪费时间经过域sayiis.local与sayms.local，然后再传递给cn.sayms.local的域控制器来验证，此时如果我们在域cn.sayms.local与hk.sayiis.local之间建立一个**快捷方式信任**，也就是让域hk.sayiis.local直接信任cn.sayms.local，则域hk.sayiis.local的域控制器在验证域cn.sayms.local的用户身份时，就可以跳过域sayiis.local与sayms.local，也就是直接传递给域cn.sayms.local的域控制器来验证，如此便可以节省时间。

　　可以自行决定要建立单向或双向快捷方式信任，例如图中的**快捷方式信任**是单向的，也就是 **域 hk.sayiis.local 信 任 域 cn.sayms.local**，它让域 cn.sayms.local 的用户在访问域hk.sayiis.local内的资源时，可以走**快捷方式信任**的路径来验证用户的身份。由于是单向快捷方式信任，因此反过来域hk.sayiis.local的用户在访问域cn.sayms.local内的资源时，却无法走这个**快捷方式信任**的路径，除非域cn.sayms.local也**快捷方式信任**域hk.sayiis.local。

图 8-1-4

　　注意快捷方式信任仅有部分可传递性，也就是只会向下延伸，不会向上延伸，以图8-1-5来说明，图中在D域建立一个**快捷方式信任**到F域，这个快捷方式信任会自动向下延伸到G域，因此D域的域控制器在验证G域的用户身份时，可以走【D域→F域→G域】的快捷方式路径。然而D域的域控制器在验证E域的用户身份时，仍然需走【D域→A域→E域】的路径，也就是通过**父—子信任**【D域→A域】与**树状—根目录**信任【A域→E域】的路径。

图 8-1-5

4. 林信任

两个林之间可以通过**林信任**来建立信任关系，以便让不同林内的用户可以相互访问对方的资源。可以自行决定要建立单向或双向的信任关系，例如图8-1-6中我们在两个林sayms.local与say365.local之间建立了双向信任关系，由于**林信任**具备**双向可传递**的特性，因此会让两个林中的所有域之间都相互信任，也就是说所有域内的用户都可以访问其他域内的资源，不论此域是位于哪一个林内。

注意林信任仅有部分可传递性，也就是说两个林之间的**林信任**关系并无法自动的延伸到其他第3个林，例如虽然在林A与林B之间建立了**林信任**，同时也在林B与林C之间建立了**林信任**，但是林A与林C之间并不会自动建立信任关系。

图 8-1-6

5. 外部信任

分别位于两个林内的域之间可以通过**外部信任**来建立信任关系。可以自行决定要建立单向或双向信任关系，例如图8-1-7中两个林sayms.local与sayexg.local之间原本并没有信任关系，但是在域sayiis.local与域sayexg.local之间建立了双向的**外部信任**关系。由于**外部信任**并不具备**传递性**，因此图中除了sayiis.local与sayexg.local之间外，其他例如sayiis.local与uk.sayexg.local、hk.sayiis.local与uk.sayexg.local等之间并不具备信任关系。

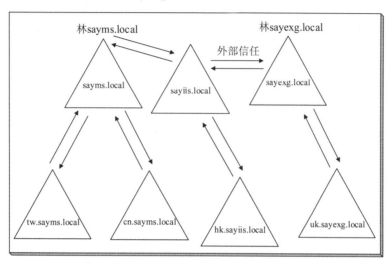

图 8-1-7

6. 领域信任

AD DS域可以与**非Windows系统**（例如UNIX）的Kerberos领域之间建立信任关系，这个信任关系称为**领域信任**。这种跨平台的信任关系，让AD DS域能够与其他Kerberos系统相互通信。**领域信任**可以是单向或双向，而且可以从**可传递性**切换到**不可传递性**，也可以从**不可传递性**切换到**可传递性**。

8.1.4 建立信任前的注意事项

前面6种信任关系中，**父—子信任**是在新建子域时自动建立的，而**树状—根目录信任**则是在新建域树时自动建立的，其他的4种信任关系必须手动建立。请先了解以下事项，以减少在建立信任关系时的困扰：

> ↘ 建立信任就是在建立两个不同域之间的沟通桥梁，从域管理的角度来看，两个域各需要有一个拥有适当权限的用户，在各自域中分别做一些设置，以完成双方域之间信任关系的建立工作。其中信任域一方的系统管理员，需要为此信任关系建立一个**传出信任**（outgoing trust）；而**受信任域**一方的系统管理员，则需要为此信任关系建立一

221

个**传入信任**（incoming trust）。**传出信任**与**传入信任**可视为此信任关系的两个端点。

以建立图8-1-8中**A域信任B域**的单向信任进行说明，我们需在A域建立一个**传出信任**，相对也需要在B域建立一个**传入信任**。也就是说在A域建立一个**传出到**B域的信任，同时相对也需要在B域建立一个让A域**传入**的信任。

图 8-1-8

在利用**新建信任向导**来建立图中的单向信任关系时，可以选择先单独建立A域的**传出信任**，然后再另外单独建立B域的**传入信任**；或是选择同时建立A域的**传出信任**与B域的**传入信任**：

■ 如果是分别单独建立这两个信任的话，则需要在A域的**传出信任**与B域的**传入信任**设置相同的信任密码。

■ 如果是同时建立这两个信任的话，则在信任过程中并不需要设置信任密码，但需要在这两个域都拥有适当权限，默认是Domain Admins或Enterprise Admins组的成员拥有此权限。

以建立图8-1-9的**A域信任B域，同时B域也信任A域**的双向信任来说，我们必须在A域同时建立**传出信任**与**传入信任**，其中的**传出信任**是用来信任B域，而**传入信任**是要让B域可以信任A域。相对也必须在B域建立**传入信任**与**传出信任**。

图 8-1-9

在利用**新建信任向导**来建立图中的双向信任关系时，可以单独先建立A域的**传出信任**与**传入信任**，然后再另外单独建立B域的**传入信任**与**传出信任**；或选择同时建立A域与B域的**传入信任**、**传出信任**：

- 如果是分别单独建立A域与B域的**传出信任、传入信任**的话，则需要在A域与B域设置相同的信任密码。

- 如果是同时建立A域与B域的**传出信任、传入信任**的话，则在信任过程中并不需要设置信任密码，但需要在这两个域都拥有适当的权限，默认是Domain Admins或Enterprise Admins组的成员拥有此权限。

↘ 两个域之间在建立信任关系时，相互之间可以利用DNS名称或NetBIOS名称来指定对方的域名：

- 如果是利用DNS域名，则相互之间需通过DNS服务器来查询对方的域控制器。

- 如果是利用NetBIOS域名，则可以通过广播或WINS服务器来查询。但是广播消息无法跨越到另外一个网络，因此如果通过广播来查询的话，则两个域的域控制器必须位于同一个网络内。如果是通过WINS服务器（可参考**Windows Server 2016网络与网站建置实务**这本书的电子书）来查询的话，则两个域的域控制器可以不需要在同一个网络内。

↘ 除了利用**新建信任向导**来建立两个域或林之间的信任外，也可以利用**netdom trust**命令来新建、删除或管理信任关系。

8.2　建立快捷方式信任

以下利用建立图8-2-1中域hk.sayiis.local信任域cn.sayms.local的单向快捷方式信任来说明。请务必先参考8-1节中**建立信任前的注意事项**的说明后，再继续以下的步骤。

图 8-2-1

我们将图重新简化为图8-2-2，图中必须在域hk.sayiis.local建立一个**传出信任**，相对也必须在域cn.sayms.local建立一个**传入信任**。我们以同时建立域hk.sayiis.local的**传出信任**与域cn.sayms.local的**传入信任**为例来说明。

图 8-2-2

STEP **1** 以下假设是要在左边受信任域cn.sayms.local的域控制器dc4.cn.sayms.local 上，利用Domain Admins（cn.sayms.local）或Enterprise Admins（sayms.local）组内的用户登录与建立信任。

STEP **2** 单击左下角**开始**图标 ⊞ ➲ **Windows 管理工具** ➲ **Active Directory域和信任关系**。

STEP **3** 如图8-2-3所示【单击域cn.sayms.local ➲ 单击上方**属性**图标】。

图 8-2-3

STEP **4** 点选图8-2-4中的**信任**选项卡，单击 新建信任 按钮。

图 8-2-4

附注 🖊

由图中的上半段可看出域cn.sayms.local已经信任其父域sayms.local；同时从下半段可看出，域cn.sayms.local也已经被其父域sayms.local所信任。也就是说，域cn.sayms.local与其父域sayms.local之间已经自动有双向信任关系，它就是**父－子信任**。

STEP **5** 出现**欢迎使用新建信任向导**界面时单击 下一步 按钮。

STEP **6** 在图8-2-5中输入对方域的DNS域名hk.sayiis.local（或NetBIOS域名HK）。完成后单击 下一步 按钮。

图 8-2-5

STEP **7** 在图8-2-6中选择**单向：内传**，表示我们要建立前面图8-2-2的单向快捷方式信任中左侧域cn.sayms.local的**传入信任**。完成后单击 下一步 按钮。

图 8-2-6

STEP **8** 在图8-2-7中选择**此域和指定的域**，也就是除了要建立图8-2-2中左侧域cn.sayms.local的**传入信任**之外，同时也要建立右侧域hk.sayiis.local的**传出信任**。完成后单击 下一步 按钮。

图 8-2-7

> **注意** ✎
>
> 如果选择**只是这个域**的话，则必须事后另外再针对域hk.sayiis.local建立一个传出到域
> cn.sayms.local的**传出信任**。

STEP 9 在图8-2-8中输入对方域（hk.sayiis.local）的Domain Admins组内的用户名称与密码
（图中使用hk\Administrator），或sayms.local内Enterprise Admins组内的用户名称与密
码。完成后单击 下一步 按钮。

图 8-2-8

> **附注** ✎
>
> 若要输入Enterprise Admins组内的用户账户的话，请在用户名称之前输入林根域的域
> 名，例如 sayms\administrator 或 sayms.local\administrator，其中的 sayms 为林根域的
> NetBIOS域名，而sayms.local为其DNS域名。

STEP 10 在图8-2-9中单击 下一步 按钮。

图 8-2-9

STEP **11**   在图8-2-10中单击 下一步 按钮。

图 8-2-10

STEP **12**   可以在图8-2-11中选择**是，确认传入信任**，以便确认cn.sayms.local的**传入信任**与hk.sayiis.local的**传出信任**两者是否都已经建立成功，也就是要确认此**单向快捷方式信任**是否已经建立成功。

图 8-2-11

附注

> 如果是分别单独建立域cn.sayms.local的**传入信任**与域hk.sayiis.local的**传出信任**的话，请确认这两个信任关系都已建立完成后，再选择**是，确认传入信任**。

STEP **13**　出现**正在完成新建信任向导**界面时单击**完成**按钮。

图8-2-12为完成建立单向快捷方式信任后的界面，表示在域cn.sayms.local中有一个从域hk.sayiis.local来的**传入信任**，也就是说域cn.sayms.local是被域hk.sayiis.local信任的**受信任域**。

图 8-2-12

同时在域hk.sayiis.local中也会有一个连到域cn.sayms.local的**传出信任**，也就是说域hk.sayiis.local是域cn.sayms.local的**信任域**，可以通过【如图8-2-13所示单击sayiis.local之下的域hk.sayiis.local➲单击上方**属性**图标➲单击**信任**选项卡】的方法来查看此设置。

图 8-2-13

第 8 章　管理域与林信任

8.3　建立林信任

以下利用建立图8-3-1中林sayms.local与林say365.local之间的双向**林信任**进行说明。

图 8-3-1

我们将图重新简化为图8-3-2，图中需要在林根域sayms.local建立**传出信任**与**传入信任**，相对的也需要在林根域say365.local建立**传入信任**与**传出信任**。

图 8-3-2

8.3.1　建立林信任前的注意事项

在建立**林信任**之前，请先注意以下事项：

- 请务必先了解章节8-1节**建立信任前的注意事项**的内容。
- 两个林之间需要通过DNS服务器来找到对方林根域的域控制器。以图8-3-2来说，必须确定在域sayms.local中可以通过DNS服务器找到域say365.local的域控制器,同时在域say365.local中也可以通过DNS服务器找到域sayms.local的域控制器:

■ 如果两个林根域使用同一台DNS服务器,也就是此DNS服务器内同时有sayms.local与say365.local区域,则双方都可以通过此DNS服务器来找到对方的域控制器。

■ 如果两个林根域不是使用同一台DNS服务器,则可以通过**条件转发器**(conditional forwarder)来达到目的,例如在sayms.local的DNS服务器中指定将say365.local的查询请求,转发给say365.local的DNS服务器(参见图8-3-3,图中假设域say365.local的DNS服务器的IP地址为192.168.8.21),同时也请在say365.local的DNS服务器中指定将sayms.local的查询请求,转发给sayms.local的DNS服务器(192.168.8.1)。

图 8-3-3

附注

以下练习采用这种方式,因此请先完成**条件转发器**的配置,再分别到sayms.local与say365.local的域控制器上,利用ping对方区域内主机名的方式来测试**条件转发器**的功能是否正常。

↘ 如果两个林根域不是使用同一台DNS服务器的话,则还可以通过**辅助区域**来实现DNS查找,例如在sayms.local的DNS服务器建立一个名称为say365.local的辅助区域,其数据是从say365.local的DNS服务器通过**区域传送**复制过来;同时也在say365.local的DNS服务器建立一个名称为sayms.local的辅助区域,其数据是从sayms.local的DNS服务器通过**区域传送**复制过来。

8.3.2　开始建立林信任

我们将在林sayms.local与say365.local之间建立一个双向的**林信任**,也就是说我们将为林sayms.local建立**传出信任**与**传入信任**,同时也为林say365.local建立相应的**传入信任**与**传出信任**。请先确认前述DNS服务器的设置已经完成。

STEP **1** 以下假设是要在图8-3-2中左侧林根域sayms.local的域控制器上dc1.sayms.local，利用 Domain Admins或Enterprise Admins组内的用户登录与建立信任。

STEP **2** 单击左下角**开始**图标田⊃**Windows 管理工具**⊃**Active Directory域和信任关系**。

STEP **3** 如图8-3-4所示【单击域**sayms.local**⊃单击上方**属性**图标】。

图 8-3-4

STEP **4** 点选图8-3-5中的**信任**选项卡，单击 新建信任 按钮。

图 8-3-5

附注 🖉

从图8-3-5的中上半段可看出，域sayms.local已经信任其子域cn.sayms.local与 sh.sayms.local，同时也信任了另一个域树的根域sayiis.local；从图中的下半段可看出， 域sayms.local已经被其子域cn.sayms.local与sh.sayms.local所信任，同时也被另外一个域 树的根域sayiis.local所信任。也就是说，域sayms.local与其子域之间已经自动有双向**父－ 子信任**关系。还有域sayms.local与域树sayiis.local之间也已经自动有双向**树状－根目录信 任**关系。

STEP **5** 　在图8-3-6中单击 下 一 步 按钮。图中支持的信任关系包含了我们需要的林信任（图中的 **另一个林**）。

图 8-3-6

STEP **6** 　在如图8-3-7所示中输入对方域的DNS域名say365.local（或NetBIOS域名SAY365）后单击 下一步 按钮。

图 8-3-7

STEP **7** 　在图8-3-8中选择**林信任**后单击 下一步 按钮。

图 8-3-8

附注 📝

如果图中选择**外部信任**的话，也可以让sayms.local与say365.local之间建立信任关系，不过它不具备**传递性**，然而本练习的**林信任**有**传递性**。

STEP **8**　在图8-3-9中选择**双向**后单击 下一步 按钮，表示我们要同时建立图8-3-2中左方域sayms.local的**传出信任**与**传入信任**。

图 8-3-9

STEP **9**　在图8-3-10中选择**此域和指定的域**，也就是除了要建立图8-3-2左侧域sayms.local的**传出信任**与**传入信任**之外，同时也要建立右侧域say365.local的**传入信任**与**传出信任**。

图 8-3-10

注意 🔔

如果选择**只是这个域**的话，则必须事后再针对域say365.local来建立与域sayms.local之间的**传入信任**与**传出信任**。

STEP **10**　在图8-3-11中输入对方林根域（say365.local）内Domain Admins或Enterprise Admins组的用户名与密码后单击 下一步 按钮。

图 8-3-11

STEP 11　图8-3-12选择如何验证另一个林（say365.local）的用户身份：

↘ **全林性身份验证**：表示要验证另一个林内（say365.local）所有用户的身份。用户只
要经过验证成功，就可以在本林内（sayms.local）访问他们拥有权限的资源。

↘ **选择性身份验证**：此时另一个林内只有被选择的用户（或组）才会被验证身份，其
他用户会被拒绝。被选择的用户只要经过验证成功，就可以在本林内访问他们拥有
权限的资源。选择用户的方法后述。

图 8-3-12

STEP 12　图8-3-13是用来设置当本林（sayms.local）中的用户要访问另外一个林（say365.local）
内的资源时，如何来验证用户身份。

图 8-3-13

STEP **13** 在图8-3-14中单击 下一步 按钮。

图 8-3-14

STEP **14** 在图8-3-15中单击 下一步 按钮。

图 8-3-15

路由名称后缀（routing name suffixes）是什么呢？图中显示本林会负责验证的后缀为 sayms.local 与 sayiis.local，因此当本林中的用户利用 UPN 名称（例如 george@sayms.local，其后缀为sayms.local）在对方林中登录或访问资源时，对方就会将验证用户身份的工作转到本林来执行，也就是根据后缀来将验证用户身份转到（路由到）本林。

图 8-3-15 表示本林支持 *.sayiis.local 与 *.sayms.local 后缀，也就是 sayms.local、sh.sayms.local、cn.sayms.local、sayiis.local、hk.sayiis.local等都是本林所支持的后缀，用户的UPN后缀只要是上述之一，则验证工作就会转给本林来执行。如果不想让对方林将特定后缀的验证转到本林的话，可在图中取消勾选该后缀。

STEP **15** 在图8-3-16中单击 下一步 按钮。

图 8-3-16

STEP **16** 可以在图8-3-17中选择**是，确认传出信任**，以便确认在图8-3-2中sayms.local的**传出信任**与say365.local的**传入信任**这一组单向的信任是否建立成功。

图 8-3-17

附注

如果是分别单独建立域sayms.local的**传出信任**与域say365.local的**传入信任**的话，请确认这两个信任关系都已经建立完成后，再选择**是，确认传出信任**。

STEP **17** 可以在图8-3-18中选择**是，确认传入信任**，以便确认在图8-3-2中sayms.local的**传入信任**与say365.local的**传出信任**这一组单向的信任是否建立成功。

图 8-3-18

STEP **18**　在图8-3-19中单击 完成 按钮。

图 8-3-19

图8-3-20为完成建立双向**林信任**后的界面，图上方表示在域sayms.local中有一个传出到域say365.local的传出信任，也就是说域sayms.local信任域say365.local；图下方表示在域sayms.local中有一个从域say365.local来的传入信任，也就是说域sayms.local被域say365.local所信任。

图 8-3-20

也可以到林say365.local的域控制器上【单击左下角**开始**图标⊞➲**Windows管理工具**➲**Active Directory域和信任关系**➲如图8-3-21所示单击**say365.local**➲单击上方的**属性**图标➲**信任**选项卡】来查看这个双向信任。图上方表示在域say365.local中有一个传出到域sayms.local的传出信任，也就是说域say365.local信任域sayms.local；图下方表示在域say365.local中有一个从域sayms.local来的传入信任，也就是说域say365.local被域sayms.local所信任。

图 8-3-21

8.3.3 选择性身份验证设置

如果在图8-3-12是选择**选择性身份验证**的话，则需要在本林内的计算机上，将**允许身份验证**（Allowed to Authenticate）权限授予另外一个林内的用户（或组），只有拥有**允许身份验证**权限的用户来连接此计算机时才会被验证身份，而在经过验证成功后，该用户便有权来访问此计算机内的资源。以下假设**信任林**（trusting forest）为sayms.local，而**受信任林**为say365.local。

STEP **1** 请到**信任林**（sayms.local）内的域控制器dc1.sayms.local上【单击左下角**开始**图标⊞⇨**Windows 管理工具**⇨**Active Directory管理中心**⇨如图8-3-22所示双击要设置的计算机账户（假设是Win10PC1）】。

图 8-3-22

STEP **2** 如图8-3-23所示单击**安全**选项卡下的 添加 按钮。

图 8-3-23

STEP **3** 在图8-3-24中单击 位置 按钮，选择对方林say365.local后单击 确定 按钮。

图 8-3-24

STEP **4** 在图8-3-25中的**查找位置**已被改为say365.local，接着请通过单击 高级 按钮来选择 say365.local内的用户或组，图中是已经完成选择后的界面，而所选的用户为Robert。 单击 确定 按钮。

图 8-3-25

STEP **5** 如图8-3-26所示在**允许身份验证**右侧勾选**允许**后单击确定按钮。

图 8-3-26

8.4 建立外部信任

以下利用建立图8-4-1中林sayms.local与林sayexg.local之间的双向**外部信任**来说明。

图 8-4-1

我们将图重新简化为图8-4-2，图中要在林根域sayms.local建立**传出信任**与**传入信任**，相对也要在林根域sayexg.local建立**传入信任**与**传出信任**。

图 8-4-2

外部信任的注意事项、DNS服务器设置、建立步骤等与**林信任**相同，此处不再赘述，不过在建立**外部信任**时需要改为如图8-4-3所示选择**外部信任**。

图 8-4-3

还有会在步骤的最后另外显示图8-4-4的界面，表示系统默认会自动启用**SID筛选隔离**（SID Filter Quarantining）功能，它可以增加安全性，避免入侵者通过**SID历史**（SID history）取得**信任域**内不该拥有的权限。

图 8-4-4

图8-4-5为完成**外部信任**建立后，在**信任域**sayms.local所看到的界面；而图8-4-6为在**受信任域**sayexg.local所看到的界面。

图 8-4-5

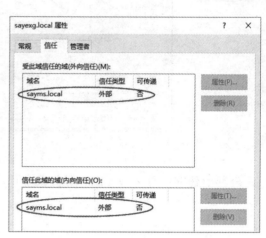

图 8-4-6

8.5 管理与删除信任

8.5.1 信任的管理

如果要更改信任设置的话：【如图8-5-1所示选择要管理的传出或传入信任➜单击 属性 按钮】，然后通过前景图的选项卡来管理信任关系。

1. 验证信任关系

如果对方域支持Kerberos AES加密的话，则可勾选图8-5-1中的**其他域支持Kerberos AES加密**。如果要重新确认与对方域或林之间的信任关系是否仍然有效的话，请单击 验证 按钮。如果对方域或林内有新子域的话，此 验证 按钮也可以同时更新**名称后缀路由**（name prefix routing，详见图8-3-15的说明）的信息。

2. 更改名称后缀路由设置

当用户的UPN（例如george@say365.local）后缀是隶属于此指定林时，则用户身份的验证

图 8-5-1

工作会转给此林的域控制器。图8-5-2中的**名称后缀路由**选项卡用来更改所选林的名称后缀路由状态，例如要停止将后缀为say365.local的验证转发给林say365.local的话，请在图8-5-2中单击该林后缀后单击 禁用 按钮。

如果该林内包含多个后缀，例如say365.local、us.say365.local，而只是要禁用将其中部分后缀验证工作转发给该林的话：【单击前面图8-5-2中的 编辑 按钮➜在图8-5-3中选择要禁用的名称后缀（图中假设有us.say365.local存在）➜单击 禁用 按钮】。

图 8-5-2

图 8-5-3

另外，为了避免**后缀名称冲突**现象的发生，此时可以通过图8-5-3上方的 添加 按钮来将后缀排除。何谓**后缀名称冲突**现象？举例来说，图8-5-4中林sayms.local与林say365.local之间建立了双向林信任、林say365.local与林jp.say365.local（注意是林！不是子域！）之间也建立了双向林信任、林sayms.local与林jp.say365.local之间建立了单向林信任。

图 8-5-4

图中林sayms.local默认会将后缀为*.say365.local的身份验证工作转发给林say365.local来执行，包含后缀say365.local与jp.say365.local，可是因为两个林之间的**林信任**关系并无法自动的扩展到其他第3个林，因此当林say365.local收到后缀为jp.say365.local的身份验证请求时，并不会将其转发给林jp.say365.local。

解决上述问题的方法是在林sayms.local中将后缀jp.say365.local排除，也就是编辑信任关系say365.local：【在图8-5-5中单击添加按钮➡输入后缀jp.say365.local➡单击确定按钮】，如此林sayms.local就不会将后缀是jp.say365.local的身份验证请求转发给林say365.local，而是直接转发给林jp.say365.local（因为图8-5-4中林sayms.local与林jp.say365.local之间有单向林信任）。

图 8-5-5

3. 更改身份验证方法

如果要更改身份验证方法的话，请通过图8-5-6的**身份验证**选项卡来设置，图中两个验证方法的说明请参考前面图8-3-12的相关说明。

图 8-5-6

8.5.2　信任的删除

你可以将**快捷方式信任**、**林信任**、**外部信任**、**领域信任**等手动建立的信任删除，然而系统自动建立的**父－子信任**与**树状－根目录信任**不能删除。

我们以图 8-5-7 为例来说明如何删除信任，而且是要删除图中**林 sayms.local 信任 say365.local** 这个单向的信任，但是保留**林 say365.local 信任 sayms.local**。

图 8-5-7

STEP **1** 如图8-5-8所示【单击域**sayms.local**➲单击上方**属性**图标】。

图 8-5-8

STEP **2** 在图8-5-9中【单击**信任**选项卡➲选择**受此域信任的域（外向信任）**之下的域 say365.local】，也就是选择图8-5-7左侧域sayms.local的**传出信任**，然后单击删除按钮。

图 8-5-9

STEP **3** 　在图8-5-10中可以选择：

⤷ **不，只从本地域删除信任**：也就是只删除图8-5-7左侧域sayms.local的传出信任。

⤷ **是，从本地域和另一个域中删除信任**：也就是同时删除图8-5-7左侧域sayms.local的传出信任与右侧域say365.local的传入信任。如果选择此选项的话，则需要输入对方域say365.local的Domain Admins或林根域sayms.local内Enterprise Admins组内的用户名与密码。

图 8-5-10

第9章 AD DS 数据库的复制

对拥有多台域控制器的AD DS域来说，如何有效率的复制AD DS数据库、如何提高AD DS的可用性与如何让用户能够快速地登录，是系统管理员必须要了解的重要课题。

- ↘ 站点与AD DS数据库的复制
- ↘ 默认站点的管理
- ↘ 利用站点来管理AD DS复制
- ↘ 管理全局编录服务器
- ↘ 解决AD DS复制冲突的问题

9.1 站点与AD DS数据库的复制

站点（site）是由一或多个IP子网（subnet）所组成，这些子网之间通过**高速且可靠的连接**互连起来，也就是这些子网之间的连接速度要够快且稳定、符合你的需要，否则就应该将它们分别规划为不同的站点。

一般来说，一个LAN（局域网）之内各个子网之间的连接都符合速度且高可靠的要求，因此可以将一个LAN规划为一个站点；而WAN（广域网）内各个LAN之间的连接速度一般都不快，因此WAN之中的各个LAN应分别规划为不同的站点，参见图9-1-1。

图 9-1-1

AD DS内大部分数据是利用**多主机复制模式**（multi-master replication model）来复制。在这种模式之中，可以直接更新任何一台域控制器内的AD DS对象，之后这个更新对象会被自动复制到其他域控制器，例如当在任何一台域控制器的AD DS数据库内新建一个用户账户后，这个账户会自动被复制到域内的其他域控制器。

站点与AD DS数据库的复制之间有着重要的关系，因为这些域控制器是否在同一个站点，会影响到域控制器之间AD DS数据库的复制行为。

9.1.1 同一个站点之间的复制

同一个站点内的域控制器之间是通过快速的连接互连在一起的，因此在复制AD DS数据库时，可以有效、快速地复制，而且不会压缩所传送的数据。

同一个站点内的域控制器之间的AD DS复制采用**更改通知**（change notification）的方式，也就是当某台域控制器（以下将其称为**源域控制器**）的AD DS数据库内有一笔数据更改时，默认它会等15秒后，就通知位于同一个站点内的其他域控制器。收到通知的域控制器如果需要这笔数据的话，就会给**源域控制器**发出**更新信息**的请求，这台**源域控制器**收到请求后，便会开始复制的过程。

1. 复制伙伴

源域控制器并不是直接将改动数据复制给同一个站点内的所有域控制器，而是只复制给它的**直接复制伙伴**（direct replication partner），然而哪些域控制器是其**直接复制伙伴**呢？每一台域控制器内都有一个被称为Knowledge Consistency Checker（KCC）的程序，它会自动建立最有效率的**复制拓扑**（replication topology），也就是决定哪些域控制器是它的**直接复制伙伴**、而哪些域控制器是它的**转移复制伙伴**（transitive replication partner），换句话说，**复制拓扑**是复制AD DS数据库的逻辑连接路径，如图9-1-2所示。

以图中域控制器DC1来说，域控制器DC2是它的**直接复制伙伴**，因此DC1会将变动数据直接复制给DC2，而DC2收到数据后，会再将它复制给DC2的**直接复制伙伴**DC3，依此类推。

对域控制器DC1来说，除了DC2与DC7是它的**直接复制伙伴**外，其他的域控制器（DC3、DC4、DC5、DC6）都是**转移复制伙伴**，它们是间接获得由DC1复制来的数据。

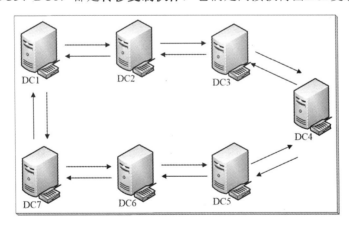

图 9-1-2

2. 如何减少复制延迟时间

为了减少复制延迟的时间（replication latency），也就是从**源域控制器**内的AD DS数据有变动开始，到这些数据被复制到所有其他域控制器之间的间隔时间要尽量缩短，因此KCC在建立**复制拓扑**时，会让数据从**源域控制器**传送到**目的域控制器**时，其所跳跃的域控制器数量（hop count）不超过3台，以图9-1-2来说明，从DC1到DC4跳跃了3台域控制器（DC2、DC3、DC4），而从DC1到DC5也只跳跃了3台域控制器（DC7、DC6、DC5）。换句话说，KCC会让**源域控制器**与**目的域控制器**之间的域控制器数量不超过两台。

> **附注** 📝
>
> 为了避免**源域控制器**负担过重，因此**源域控制器**并不是同时通知其所有的**直接复制伙伴**，而是会间隔3秒，也就是先通知第1台**直接复制伙伴**，间隔3秒后再通知第2台，依此类推。

当有新域控制器加入时，KCC会重新建立**复制拓扑**，而且仍然会遵照**跨越的域控制器数量不超过3台**的原则，例如当图9-1-2中新建了一台域控制器DC8后，其**复制拓扑**就会有变化，图9-1-3为可能的**复制拓扑**之一，图中KCC将域控制器DC8与DC4设置为**直接复制伙伴**，否则DC8与DC4之间，无论是通过【DC8→DC1→DC2→DC3→DC4】或【DC8→DC7→DC6→DC5→DC4】的途径，都会违反**跨越的域控制器数量不超过3台**的原则。

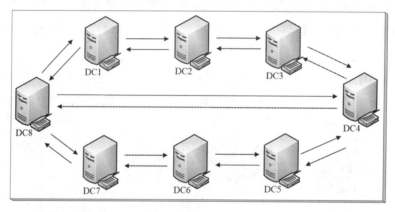

图 9-1-3

3. 紧急复制

对某些重要的更新数据来说，系统并不会等15秒钟才通知其**直接复制伙伴**，而是立刻通知，这个操作被称为**紧急复制**。这些重要的更新数据包含用户账户被锁定、账户锁定策略更改、域的密码策略更改等。

9.1.2 不同站点之间的复制

由于不同站点之间的连接速度不够快，因此为了降低对连接带宽的影响，故站点之间的AD DS数据在复制时会被压缩，而且数据的复制是采用**计划任务**（schedule）的方式，也就是在定义好的任务时间内才会进行复制工作。原则上应该尽量避开站点链接的网络负载高峰阶段，安排在离峰时期执行复制工作，同时复制频率也不要太高，以避免复制时占用两个站点之间的连接带宽，影响两个站点之间其他数据的传输效率。

不同站点的域控制器之间的**复制拓扑**，与同一个站点的域控制器之间的**复制拓扑**是不相同的。每一个站点内都各有一台被称为**站点间拓扑生成器**的域控制器，它负责建立**站点之间的复制拓扑**，并从其站点内挑选一台域控制器来扮演**bridgehead服务器**（桥头服务器）的角色，例如图9-1-4中SiteA的DC1与SiteB的DC4，两个站点之间在复制AD DS数据时，是由这两台**bridgehead服务器**负责将该站点内的AD DS变动数据复制给对方，这两台**bridgehead服务器**得到对方的数据后，会再将它们复制给同一个站点内的其他域控制器。

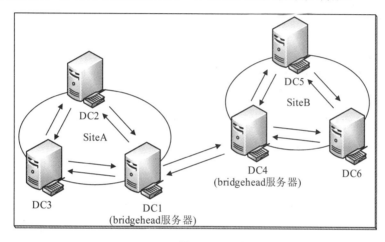

图 9-1-4

两个站点之间AD DS复制的其他细节，包含**站点链接**（site link）、开销、复制任务、复制频率等都会在后面章节另外说明。

9.1.3 目录分区与复制拓扑

AD DS数据库被逻辑的分为以下多个目录分区（详见第1章）：**架构目录分区**、**配置目录分区**、**域目录分区**与**应用程序目录分区**。

KCC在建立**复制拓扑**时，并不是整个AD DS数据库只采用单一**复制拓扑**，而是不同的**目录分区**各有其不同的**复制拓扑**，例如DC1在复制**域目录分区**时，可能DC2是它的**直接复制伙伴**，但是在复制**配置目录分区**时，DC3才是它的**直接复制伙伴**。

9.1.4 复制通信协议

域控制器之间在复制AD DS数据时，其所使用的复制通信协议分为以下两种。

↳ **RPC over IP（Remote Procedure Call over Internet Protocol）**

无论是同一个站点内或不同站点之间，都可以利用RPC over IP来执行AD DS数据库的复制操作。为了确保数据在传送时的安全性，RPC over IP会执行验证身份与数据加密的工作。

> **附注** 📝
>
> 在**Active Directory站点和服务**控制台中，同一个站点之间的复制通信协议RPC over IP字样会被改用IP字样来代表。

↳ **SMTP（Simple Mail Transfer Protocol）**

SMTP只能够用来执行不同站点之间的复制。如果不同站点的域控制器之间无法直接通信，或之间的连接质量不稳定时，就可以通过SMTP来传输。不过这种方式有些限制，例如：

■ 只能够**复制架构目录分区、配置目录分区**与**应用程序目录分区**，不能复制**域目录分区**。

■ 需向**企业CA**（Enterprise CA）申请证书，因为在复制过程中，需要利用证书来进行身份验证。

9.2 默认站点的管理

在建立第一个域（林）时，系统就会自动建立一个默认站点，以下介绍如何来管理这个默认的站点。

9.2.1 默认的站点

可以利用【单击左下角**开始**图标⊞➲**Windows 管理工具**➲**Active Directory站点和服务**】的方法来管理站点，如图9-2-1所示。

↳ **Default-First-Site-Name**：这是默认的第一个站点，它是在建立AD DS林时由系统自动建立的站点，可以更改这个站点的名称。

↳ **Servers**：其中记录着位于此Default-First-Site-Name站点内的域控制器与这些域控制器的设置值。

↳ **Inter-Site Transports**：记录着站点之间的IP与SMTP这两个复制通信协议的设置值。

↳ **Subnets**：可以通过此处在AD DS内建立多个IP子网，并将子网划入到所属的站点内。

图 9-2-1

假设在AD DS内已经建立了多个IP子网，此时在安装域控制器时，如果此域控制器是位于其中某个子网内（从IP地址的网络ID来判断），则此域控制器的计算机账户就会自动被放到此子网所隶属的站点内。

然而在建立AD DS林时，系统默认并没有在AD DS内建立任何的子网，因此所建立的域控制器就不属于任何一个子网，此时这台域控制器的计算机账户会被放到Default-First-Site-Name站点内，例如图9-2-1的中的DC1、DC2、……、DC6等域控制器都是在此站点内。

9.2.2　Servers文件夹与复制设置

图9-2-1中的**Servers**文件夹内记录着位于Default-First-Site-Name站点内的域控制器，而在选择图中的任何一台域控制器后（例如DC2），将出现如图9-2-2所示的界面。

图中的NTDS Settings内包含选择两个由KCC所自动建立的**连接对象**（connection object），其名称都是**自动产生**，这两个**连接对象**分别来自DC1与DC3，表示DC2会直接接收由这两台域控制器所复制过来的AD DS数据，也就是说这两台域控制器都是DC2的**直接复制伙伴**。同理在点取其他任何一台域控制器时，也可以看到它们与**直接复制伙伴**之间的**连接对象**。

图 9-2-2

这些在同一个站点内的域控制器相互之间的**连接对象**，都会由KCC负责自动建立与维护，而且是双向的。也可以根据需要来手动建立**连接对象**，例如假设图9-2-3中DC3与DC6之间原本并没有**连接对象**存在，也就是它们并不是**直接复制伙伴**，但是可以手动在它们之间建立单向或双向的**连接对象**，以便让它们之间可以直接复制AD DS数据库，例如图中手动建立的**连接对象**是单向的，也就是DC6单向直接从DC3来复制AD DS数据库。

图 9-2-3

建立此单向连接对象的方法为【如图9-2-4所示选中DC6之下的**NTDS Settings**并右击➲**新建Active Directory域服务连接**➲**选择DC3**➲……】。

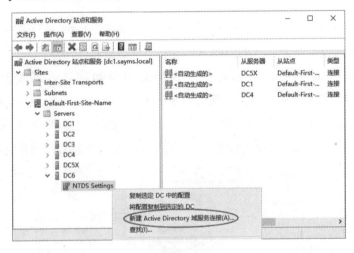

图 9-2-4

在双击图9-2-2右侧的任何一个**连接对象**后（例如**源服务器**为DC1的那一个），将出现如图9-2-5所示的界面。可以单击图中**服务器**右侧的 更改 按钮，来改变复制的源服务器。

图 9-2-5

如果域控制器的AD DS数据有变动时（例如新建用户账户），则其默认是15 秒钟后会通知同一个站内的**直接复制伙伴**，以便将数据复制给它们。即使没有数据变动，默认也会每隔一小时执行一次复制工作，以确保没有遗失任何应该复制的数据，可以通过如图9-2-5所示中的更改计划按钮来查看与更改此间隔时间，如图9-2-6所示。

图 9-2-6

如果想要立刻复制的话，请自行以手动的方式来完成：【先选择图9-2-7左侧的目的服务器（例如DC2）➲单击**NTDS Settings**➲选中右侧的复制来源服务器并右击➲**立即复制**】，图中表示立刻从DC1复制到DC2。

图 9-2-7

9.3 利用站点来管理AD DS复制

以下将先利用图9-3-1来说明如何建立多个站点与IP子网，然后再说明站点之间的AD DS复制设置。

图 9-3-1

站点之间除了物理链接（WAN link）外，还必须建立逻辑的**站点链接**（site link）才能进行 AD DS 数据库的复制，而系统默认已经为IP复制通信协议建立一个名称为DEFAULTIPSITELINK的站点链接，如图9-3-2所示。

图 9-3-2

我们在建立图9-3-1中的SiteA与SiteB时，必须通过**站点链接**将这两个站点逻辑的连接在一起，它们之间才能进行AD DS数据库的复制。

9.3.1 建立站点与子网

以下将先建立新站点，然后建立隶属于此站点的IP子网。

1. 建立新站点

我们将说明如何建立图9-3-1中的SiteA与SiteB。

STEP **1** 单击左下角**开始**图标田⊃**Windows 管理工具**⊃**Active Directory站点和服务**⊃如图9-3-3所示选中**Sites**并右击⊃**新站点**。

图 9-3-3

STEP **2** 在图9-3-4中设置站点名称（例如SiteA），并将此站点归纳到适当的**站点链接**后单击确定按钮。图中因为目前只有一个默认的**站点链接**DEFAULTIPSITELINK，故只能够暂时将其归纳到此默认的**站点链接**。只有隶属于同一个**站点链接**的站点之间才能进行AD DS数据库的复制。

图 9-3-4

STEP **3** 在图9-3-5中直接单击确定按钮。

图 9-3-5

STEP 4   请重复STEP 1 到STEP 3 来建立SiteB，图9-3-6为完成后的界面。

图 9-3-6

2. 建立 IP 子网

以下将说明如何建立图9-3-1中的IP子网192.168.8.0与192.168.9.0，并将它们分别划入到SiteA与SiteB内。

STEP 1   如图9-3-7所示【选中**Subnets**并右击⊃**新建子网**】。

图 9-3-7

STEP 2   在图9-3-8中的**前缀**处输入192.168.8.0/24，其中的192.168.8.0为网络ID，而24表示子网掩码为255.255.255.0（二进制中1的位数共有24个），并将此子网划入站点SiteA内。

图 9-3-8

STEP **3**　重复前两个步骤来建立IP子网192.168.9.0，并将其划入站点SiteB。图**9-3-9**为完成后的界面。

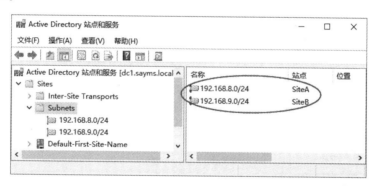

图 9-3-9

9.3.2　建立站点链接

以下将说明如何建立图9-3-1中的**站点链接**，并将此**站点链接**命名为SiteLinkAB。我们利用IP复制通信协议来说明。

注意

由于我们在前面建立 SiteA 与 SiteB 时，都已经将 SiteA 与 SiteB 归纳到 DEFAULTIPSITELINK 这个**站点链接**，也就是说这两个站点已经通过 DEFAULTIPSITELINK 逻辑的连接在一起了。我们通过以下练习来将其改为通过 SiteLinkAB来连接。

STEP **1**   请如图9-3-10所示【选中**IP**并右击➲**新站点链接**】。

图 9-3-10

STEP **2**   在图9-3-11中【设置站点链接名称（例如SiteLinkAB）➲选择SiteA与SiteB后单击 添加 按钮➲单击 确定 按钮】。之后SiteA与SiteB便可根据**站点链接**SiteLinkAB内的设置来复制AD DS数据库。

图 9-3-11

STEP **3**   图9-3-12为完成后的界面。

图 9-3-12

9.3.3 将域控制器移动到所属的站点

目前所有的域控制器都被放置到Default-First-Site-Name站点内，而在完成新站点的建立后，我们应将域控制器移动到正确的站点内。以下假设域控制器DC1、DC2与DC3的IP地址的网络标识符都是192.168.8.0（如图9-3-13所示），故需将DC1、DC2与DC3移动到站点SiteA；同时假设DC4、DC5与DC6的IP地址的网络标识符都是192.168.9.0，故需将DC4、DC5与DC6移动到站点SiteB。

图 9-3-13

> **注意**
>
> 以后如果在图9-3-13中的**北京**网络内安装新域控制器的话，则该域控制器的计算机账户会自动被放置到SiteA内，同理在**上海**网络内所安装的新域控制器，其计算机账户会自动被放到SiteB内。

STEP **1**　如图9-3-14所示【展开Default-First-Site-Name站点➲单击**Servers**➲选中要被移动的服务器（例如DC1）并右击➲**移动**】。

图 9-3-14

STEP **2**　在图9-3-15选择目标站点SiteA后单击确定按钮。

图 9-3-15

STEP **3** 重复以上步骤将DC2、DC3移动到SiteA、将DC4、DC5与DC6移动到SiteB。图9-3-16
为完成后的界面。

图 9-3-16

附注 🖉

可以在SiteA与SiteB之间搭建一台由Windows Server所扮演的路由器，来模拟演练SiteA
与SiteB是位于两个不同网络的环境。

9.3.4 指定首选的bridgehead服务器

前面说过每一个站点内都各有一台被称为**站点之间拓扑生成器**的域控制器，它负责建立
站点之间的复制拓扑，并从其站点内挑选一台域控制器来扮演**bridgehead服务器**的角色，例
如图9-3-17中SiteA的DC1与SiteB的DC4，两个站点之间在复制AD DS数据时，是由这两台
bridgehead服务器负责将该站点内的AD DS变动数据复制给对方，这两台**bridgehead服务器**
得到对方的数据后，会再将它们复制给同一个站点的其他域控制器。

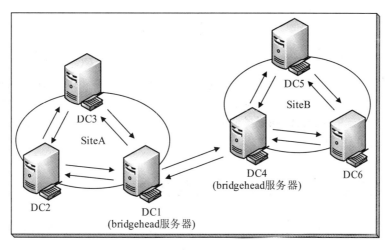

图 9-3-17

也可以自行选择扮演**bridgehead服务器**的域控制器，它们被称为**首选的bridgehead服务器**（preferred bridgehead server）。例如要将SiteA内的域控制器DC1指定为**首选的bridgehead服务器**的话：【请如图9-3-18所示展开站点SiteA➲单击**Servers**➲点选域控制器DC1➲单击上方**属性**图标➲选择要复制的通信协议（例如IP）➲单击 添加 按钮】。

图 9-3-18

可以重复以上的步骤，来将多台的域控制器设为**首选的bridgehead服务器**，但是AD DS一次只会从其中挑选一台来复制数据，若这一台出现故障了，它会再挑选其他的**首选的bridgehead服务器**。

若要查看首选的bridgehead服务器列表的话，也可以【展开**Inter-Site Transports**➲对着IP右击➲**属性**➲选择**属性编辑器**选项卡➲单击 筛选 按钮➲选择**显示只读属性**处的**反向链接**➲双击属性列表中的bridgeheadServerListBL】。

> **注意** 📎
>
> 非必要请不要自行指定首选的bridgehead服务器，因它会让KCC停止自动挑选bridgehead
> 服务器，此时若所选择的首选的bridgehead服务器都出现故障时，KCC不会再自动挑选
> bridgehead服务器，如此将没有bridgehead服务器可供使用。
> 若要将扮演**首选的bridgehead服务器**的域控制器移动到其他站点的话，请先取消其**首选**
> **的bridgehead服务器**的角色后再移动。

9.3.5 站点链接与AD DS数据库的复制设置

两个站点之间是通过**站点链接**的设置，来决定如何复制AD DS数据库：如图9-3-19所示
【选中站点链接（例如SiteLinkAB）并右击➲**属性**➲通过图9-3-20的界面来设置】。

图 9-3-19

图 9-3-20

➲ **更改站点链接中的站点成员**：可以在界面中将其他的站点加入到此**站点链接**
SiteLinkAB内，也可以将站点从这个**站点链接**中删除。

↘ **开销**（cost）：如果两个站点之间有多个物理的WAN link，则它们之间就可以有多个逻辑的站点链接，而每一个站点链接可以有着不同的**开销**（默认值为100）。这里的**开销**是用来与其他**站点链接**相比较的相对值。每一个**站点链接**的**开销**计算，需要考虑到物理WAN link 的连接带宽、稳定性、延迟时间与费用，例如若**开销**考虑是以WAN link 的连接带宽为依据的话，则应该将带宽较大的**站点链接**的**开销**值设置得较低，假设将带宽较低的**站点链接**的**开销**设置为默认的100，则带宽较大的**站点链接**的**开销**值应该要比100小。KCC在建立**复制拓扑**，会选择**站点链接开销**较低的域控制器来当作**直接复制伙伴**。

另外，用户在登录时，如果其计算机所在的站点内没有域控制器可以提供服务的话（例如域控制器因故脱机），则用户的计算机会到其他站点去寻找域控制器，此时会通过**站点链接开销**最低的连接去查找域控制器，以便让用户能够快速地登录。

↘ **复制频率为每…分钟、更改计划**：复制频率为每…分钟用来设置隶属于此**站点链接**的站点之间，每隔多长时间复制一次AD DS数据库，默认是180分钟。

但并不是时间到了就一定会执行复制工作，因还需看是否允许在此时间复制，此设置是通过前面图9-3-20的 更改计划 按钮，然后利用图9-3-21来更改计划。默认是一个星期7 天、1天24小时的任何时段都允许进行复制，可以更改此计划，例如改为高峰时期不允许复制，不过它会增加复制的延迟时间。

图 9-3-21

9.3.6 站点链接桥

站点链接桥（site link bridge）是由两个或多个**站点链接**所组成，它让这些**站点链接**具备**转移性**（transitive），例如图9-3-22中SiteA与SiteB之间已经建立了**站点链接**SiteLinkAB，而SiteB与SiteC之间也建立了**站点链接**SiteLinkBC，则**站点链接桥**SiteLinkBridgeABC让SiteA与SiteC之间具备着隐性的**站点链接**，也就是说KCC在建立**复制拓扑**时，可以将SiteA的域控制器DC1与SiteC的域控制器DC3设置为**直接复制伙伴**，让DC1与DC3之间可以通过两个WAN link的物理链路，来直接复制AD DS数据，不需要由SiteB的域控制器DC2来转送。

图 9-3-22

图中SiteLinkAB的开销为3、SiteLinkBC的开销为4，则SiteLinkBridgeABC的开销是3 + 4 =7，由于此开销高于SiteLinkAB的开销3与SiteLinkBC的开销4，因此KCC在建立**复制拓扑**，默认不会在DC1与DC3之间建立**连接对象**，也就是不会将DC1与DC3设置为**直接复制伙伴**，除非DC2无法使用（例如计算机故障、脱机）。

系统默认会自动桥接所有的**站点链接**，可以通过如图9-3-23所示【展开**Inter-Site Transports**⊃单击**IP**文件夹⊃单击上方**属性**图标⊃勾选或取消**为所有站点链接搭桥**】的方法来更改其设置值。

图 9-3-23

由于系统默认已经自动桥接所有的**站点链接**，因此不需要另外手动建立**站点链接桥**，除非想要控制AD DS数据复制的方向或两个站点之间受到限制无法直接通信，例如在图9-3-22的SiteB内搭建了防火墙，并通过防火墙限制SiteA的计算机不能与SiteC的计算机通信，则图中的SiteLinkBridgeABC就没有意义了，因为SiteA将无法直接与SiteC进行AD DS数据库复制，此时如果SiteA还可以通过另外一个站点SiteD来与SiteC通信的话，我们就没有必要让KCC浪费时间建立SiteLinkBridgeABC，或浪费时间尝试通过SiteLinkBridgeABC来复制AD DS数据库，也就是说可以先取消勾选图9-3-23中的**为所有站点链接搭桥**，然后如图9-3-24所示自行建立 SiteLinkBridgeADC ，以便让 SiteA 的计算机与 SiteC 的计算机直接选择通过SiteLinkBridgeADC进行通信。

图 9-3-24

9.3.7 站点链接桥的两个范例讨论

1. 站点链接桥范例一

图9-3-25中SiteA与SiteB之间、SiteB与SiteC之间分别建立了**站点链接**，并且分别有着不同的复制计划与复制频率，请问DC1与DC3之间何时可以复制AD DS数据库（以下针对**域目录分区**来说明）？

图 9-3-25

↘ 如果DC2正常工作，并且DC1、DC2与DC3隶属于同一个域

图中SiteLinkAB开销为3、SiteLinkBC开销为4，因此SiteLinkBridgeABC开销是3＋4=7，由于此开销高于SiteLinkAB的开销3与SiteLinkBC的开销4，因此KCC在建立**复制拓扑**时，并不会在DC1与DC3之间建立**连接对象**，也就是不会将DC1与DC3设为**直接复制伙伴**，所以DC1与DC3在复制AD DS数据库时必须通过DC2来传送。

当DC1的AD DS数据有变动时，它可以在1:00 PM ～ 4:00 PM之间将数据复制给DC2，而DC2在收到数据并存储到其AD DS数据库后，会在2:00 PM ～ 6:00 PM之间将数据复制给DC3。

↘ 如果DC2脱机，或DC2与DC1/DC3不是隶属于同一个域

此时因为DC2无法提供服务或不会存储不同域的AD DS数据，因此DC1与DC3之间必须直接复制AD DS数据库，此时KCC在建立**复制拓扑**时，因为SiteA与SiteC之间有**站点桥接连接器**，所以会在DC1与DC3之间建立**连接对象**，也就是将DC1与DC3设置为**直接复制伙伴**，让DC1与DC3之间可以直接复制。

但是何时DC1与DC3之间才会直接复制AD DS数据库呢？它们只有在两个**站点链接**的复制计划中有重叠的时段才会进行复制工作，例如SiteLinkAB复制计划是1:00 PM － 4:00 PM，而SiteLinkBC是2:00 PM ～ 6:00 PM，因此DC1与DC3之间会复制的时间为2:00 PM ～ 4:00 PM。

另外，DC1与DC3之间的复制间隔时间为两个**站点链接**的最大值，例如SiteLinkAB为30分钟，SiteLinkBC为60分钟，则DC1与DC3为两个站点链接的复制间隔时间为60分钟。

> **注意**
>
> 在DC2故障或脱机（或DC2不是与DC1/DC3同一个域）的情况下，虽然可以通过**站点桥接连接器**让DC1与DC3直接复制AD DS数据库，但是如果两个站点链接的复制计划中没有重叠时段的话，则DC1与DC3之间还是无法复制AD DS数据库。

2. 站点链接桥范例二

如果图9-3-26中SiteA与SiteB之间、SiteB与SiteC之间分别建立了站点链接，但是却取消勾选前面图9-3-23中的**桥接所有站点链接**，且并没有自行建立**站点桥接连接器**，则DC1与DC3之间是否可以进行AD DS复制呢（以下针对**域目录分区**来说明）？

↘ 如果DC2正常工作，并且DC1、DC2与DC3隶属于同一个域

此时由于SiteA与SiteC之间没有**站点桥接连接器**，因此KCC在建立**复制拓扑**时，不会在DC1与DC3之间建立**连接对象**，也就是不会将DC1与DC3设为**直接复制伙伴**，因此DC1与DC3之间只能够通过DC2来转发AD DS数据。

↘ 如果DC2脱机，或DC2与DC1/DC3不是隶属于同一个域

此时DC2无法接收与存储DC1与DC3的AD DS数据，因此DC1与DC3必须直接复制

AD DS数据，但是因为SiteA与SiteC之间并没有**站点桥接连接器**，因此KCC无法在DC1与DC3之间建立**连接对象**，也就是无法将DC1与DC3设为**直接复制伙伴**，所以DC1与DC3之间将无法复制AD DS数据。

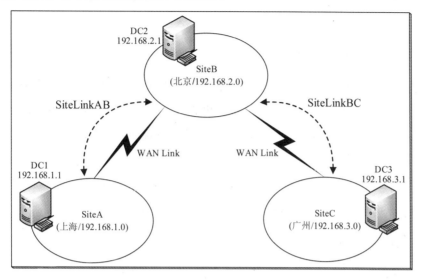

图 9-3-26

9.4　管理全局编录服务器

全局编录服务器（Global Catalog Server，GC）也是一台域控制器，其中的**全局编录**存储着林中所有AD DS对象，如图9-4-1所示。

图 9-4-1

图中的一般域控制器内只会存储所属域内**域目录分区**的完整信息，但是**全局编录服务器**

还会存储林中所有其他域之**域目录分区**对象的部分属性，让用户可以通过**全局编录**内的这些属性，很快速地找到位于其他域内的对象。系统默认会将用户常用来查找的属性加入到**全局编录**内，例如登录账户名称、UPN、电话号码等。

9.4.1 向全局编录内添加属性

也可以自行利用**Active Directory架构**控制台来将其他属性加入到**全局编录**内，不过可能需要在域控制器上先执行**regsvr32schmmgmt.dll**命令来登录**schmmgmt.dll**，然后再通过【按⊞+R键➲输入**MMC**后单击确定按钮➲单击**文件**菜单➲**添加/删除管理单元**➲选择**Active Directory架构**➲单击添加按钮】来建立此控制台。

如果要将其他属性加入到**全局编录**中的话：【如图9-4-2所示单击左侧的**属性**文件夹➲双击右侧要加入的属性➲如前景图所示勾选**将此属性复制到全局编录**】。

图 9-4-2

9.4.2 全局编录的功能

全局编录主要提供以下的功能：

🔽 **快速查找对象**：由于**全局编录**内存储着林中所有域的**域目录分区**的对象的部分属性，因此让用户可以利用这些属性很快地找到位于其他域的对象。举例来说，系统管理员可以使用【单击左下角**开始图标**⊞➲**Windows 管理工具**➲**Active Directory管理中心**➲如图9-4-3所示单击**全局搜索**➲将范围处改为**全局编录搜索**】的方法，通过**全局编录**快速地查找对象。

图 9-4-3

全局编录的TCP端口号码为3268，因此如果用户与**全局编录服务器**之间被防火墙隔开的话，请在防火墙开放此端口。

↘ **提供UPN（user principal name）的验证功能**：当用户利用UPN登录时，如果负责验证用户身份的域控制器无法从其AD DS数据库来得知该用户是隶属于哪一个域的话，它可以向**全局编录服务器**查询。例如用户到域sh.sayiis.local的成员计算机上利用其UPNgeorge@sayms.local账户登录时，由于域sh.sayiis.local的域控制器无法得知此george@sayms.local账户是位于哪一个域内（见Q&A），因此它会向**全局编录**查询，以便完成验证用户身份的工作。

Q 如果用户的UPN为george@sayms.local，则该用户账户就一定是存储于域sayms.local的AD DS数据库吗?

A 不一定! 虽然用户账户的UPN后缀默认就是账户所在域的域名，但是后缀可以更改，而且如果用户账户被移动到其他域时，其UPN并不会自动更改，也就是说UPN后缀不一定就是其域名。

↘ **提供通用组的成员信息**：我们在第8章讲过，当用户登录时，系统会为用户建立一个access token，其中包含着用户所隶属组的SID，也就是说用户登录时，系统必须得知该用户隶属于哪些组，不过因为通用组的成员信息只存储在**全局编录**，因此当用户登录时，负责验证用户身份的域控制器，需要向**全局编录服务器**查询该用户所隶属的通用组，以便建立access token、让用户完成登录的过程。

当用户登录时，如果找不到**全局编录服务器**的话（例如故障、脱机），则用户是否可以成功登录呢?

⬊ 如果用户之前曾经在这台计算机成功登录过，则这台计算机仍然能够利用存储在其**缓存区**（cache）内的用户身份数据（credentials），来验证用户的身份，因此还是可以成功登录。

⬊ 如果用户之前未曾在这台计算机登录过，则这台计算机的**缓存区**内就不会有该用户的身份信息，故无法验证用户身份，因此用户无法登录。

> **附注** 🖊
>
> 如果用户是隶属于Domain Admins组的成员，则无论**全局编录**是否在线，他都可以登录。

如果要将某台域控制器设置为或取消为**全局编录服务器**的话：【如图9-4-4所示单击该域控制器➲单击**NTDS Settings**➲单击上方**属性**图标➲勾选或取消勾选前景图中的**全局编录**】。

图9-4-4

9.4.3　通用组成员缓存

虽然应该在每一个站点内启用一台**全局编录服务器**，但是对一个小型站点来说，由于硬件配备有限、经费短缺、带宽不足等因素的影响，因此可能不想在此站点搭建一台**全局编录服务器**。此时可以通过**通用组成员缓存**来解决此问题。

例如图9-4-5中如果SiteB启用了**通用组成员缓存**，则当用户登录时，SiteB内的域控制器会向SiteA的**全局编录服务器**查询用户是隶属于哪些通用组，该域控制器得到这些数据后，便会将这些数据存储到其缓存区内，以后当这个用户再登录时，这台域控制器就可以直接从缓存区内得知该用户是隶属于哪些通用组，不需要再向**全局编录**查询。此功能拥有以下的好处：

⬊ 提高用户登录的速度，因为域控制器不需要再向位于远程另外一个站点的**全局编录**查询。

> 现有域控制器的硬件不需要升级。由于**全局编录**的负担比较重，因此需要比较好的
> 硬设备，然而站点启用**通用组成员缓存**后，该站点内的域控制器就可以不需要对硬
> 件升级。

> 减轻对网络带宽的负载，因为不需要与其他站点的**全局编录**来复制林中所有域内的
> 所有对象。

图 9-4-5

启用**通用组成员缓存**的方法为：【如图 9-4-6 所示选择站点（例如 SiteB）⮕选中右侧的
NTDS Settings 并右击⮕**属性**⮕勾选**启用通用组成员身份缓存**】。

图 9-4-6

> 附注 🖉
>
> 域控制器默认会每隔 8 小时更新一次缓存区，也就是每隔 8 小时向**全局编录服务器**索取一
> 次最新的信息，而它是从哪一个站点的**全局编录服务器**来更新缓存数据的呢？这可从图
> 中最下方的**启用通用组成员身份缓存**（Refresh Cache from）来选择。

9.5　解决AD DS复制冲突的问题

AD DS数据库内的大部分数据是利用**多主复制模式**来复制的，因此可以直接更新任何一台域控制器内的AD DS对象，之后这个更新对象会被自动复制到其他域控制器。

但是如果两位系统管理员同时分别在两台域控制器建立相同的对象，或是修改相同对象的话，则之后双方开始相互复制这些对象时，就会发生冲突，此时系统应该如何来解决这个问题呢？

9.5.1　属性标记

AD DS使用**标记**（stamp）来作为解决冲突的依据。当修改了AD DS某个对象的属性数据后（例如修改用户的地址）后，这个属性的标记数据就会改变。这个标记是由三个数据所组成的：

版本号码	修改时间	域控制器的GUID

- **版本号码（version number）**：每一次修改对象的属性时，属性的版本号码都会增加。起始值是1。
- **修改时间（timestamp）**：对象属性被修改的原始时间。
- **域控制器的GUID**：发生对象修改行为的原始域控制器的GUID。

AD DS在解决冲突时，是以标记值最高的优先，换句话说版本号码较高的优先；如果版本号码相同，则以修改时间较后的优先；如果修改时间还是相同，再比较原始域控制器的GUID，GUID数值较高的优先。

9.5.2　冲突的种类

AD DS对象共有以下三种不同种类的冲突情况，而不同种类的冲突，其解决冲突的方法也不同：

- 属性值相冲突
- 在某容器内新建对象或将对象移动到此容器内，但是这个容器已经在另外一台域控制器内被删除了
- 名称相同

1. 属性冲突的解决方法

如果属性值发生冲突，则以标记值最高的优先。举例来说，假设用户**王乔治**的**显示名称**

属性的版本号码目前为1，而此时有两位系统管理员分别在两台域控制器上修改了**王乔治**的**显示名称**（如图9-5-1所示），则在这两台域控制器内，**显示名称**属性的版本号码都会变为2。因为版本号码相同，故此时需要以**修改时间**来决定以哪个系统管理员所修改的数据优先，也就是修改时间较晚的优先。

图 9-5-1

可以利用以下的**repadmin**程序来查看版本号码（参考图9-5-2）：

```
repadmin /showmeta CN=王乔治,OU=业务部,DC=sayms,DC=local
```

图 9-5-2

> **附注** 📝
>
> **Repadmin.exe** 还可以用来查看域控制器的**复制拓扑**、建立**连接对象**、手动执行复制、查看复制信息、查看域控制器的 GUID 等。

2. 对象存储容器被删除的解决方法

例如某位系统管理员在第1台域控制器上将图9-5-3中的组织单位**会计部**删除，但是同时在第2台域控制器上却有另外一位系统管理员在组织单位**会计部**内新建一个用户账户**高丽黛**。请问两台域控制器之间开始复制 AD DS 数据库时，会发生什么情况呢？

图 9-5-3

此时所有域控制器内的组织单位**会计部**都会被删除，但是用户账户**高丽黛**会被放置到 LostAndFound文件夹内，如图9-5-4所示。这种冲突现象并不会使用到标记来解决问题。

图 9-5-4

附注

若要练习验证上述理论的话，请先让两台域控制器之间网络无法通信，然后分别在两台域控制器上操作，再让两台域控制器能够通过网络正常通信、手动复制AD DS数据库。不过请先执行以下步骤，否则无法删除组织单位**会计部**：【打开**Active Directory管理中心**⊃选中组织单位**会计部**并右击⊃**属性**⊃如图9-5-5所示单击**组织单位节**⊃取消勾选**防止意外删除**】。

图 9-5-5

3. 名称相同

如果对象的名称相同，则两个对象都会被保留，此时标记值较高的对象名称会维持原来的名称，而标记值较低的对象名称会被改为：

物件的 RDNCNF：物件的 GUID

例如在两台域控制器上同时新建一个名称相同的用户**赵日光**，但是分别有不同的属性设置，则在两台域控制器之间进行AD DS数据库复制后，其结果为图9-5-6所示两个账户都被保留，但其中一个的全名会被改名。

图 9-5-6

第 10 章　操作主机的管理

在AD DS内有一些数据的维护与管理是由**操作主机**（operations master）来负责的，作为系统管理员必须彻底了解它们，以便能够充分掌控与维持域的正常工作。

- ↘ 操作主机概述
- ↘ 操作主机的放置优化
- ↘ 找出扮演操作主机角色的域控制器
- ↘ 转移操作主机角色
- ↘ 夺取操作主机角色

10.1 操作主机概述

AD DS数据库内绝大部分数据的复制是采用**多主机复制模式**（multi-master replication model），也就是可以直接更新任何一台域控制器内绝大部分的AD DS对象，之后这个对象会被自动复制到其他域控制器。

然而有少部分数据的复制是采用**单主机复制模式**（single-master replication model）。在此模式下，当提出变更对象的请求时，只会由其中一台被称为**操作主机**的域控制器负责接收与处理此请求，也就是说该对象是先被更新在这台操作主机内，再由它将其复制到其他域控制器。

Active Directory域服务（AD DS）内总共有5个操作主机角色：

- 架构操作主机（schema operations master）
- 域命名操作主机（domain naming operations master）
- RID操作主机（relative identifier operations master）
- PDC模拟器操作主机（PDC emulator operations master）
- 基础结构操作主机（infrastructure operations master）

一个林中只有一台**架构操作主机**与一台**域命名操作主机**，这两个林级别的角色默认都是由林根域内的第一台域控制器所扮演。而每一个域拥有自己的**RID操作主机**、**PDC模拟器操作主机**与**基础结构操作主机**，这3个域级别的角色默认是由该域内的第一台域控制器所扮演。

> **附注** 📝
>
> 1. 操作主机角色（operations master roles）也被称为flexible single master operations（FSMO）roles。
> 2. **只读域控制器**（RODC）无法扮演操作主机的角色。

10.1.1 架构操作主机

扮演**架构操作主机**角色的域控制器，负责更新与修改**架构**（schema）内的对象种类与属性数据。隶属于Schema Admins组内的用户才有权限修改**架构**。一个林中只可以有一台**架构操作主机**。

10.1.2 域命名操作主机

扮演**域命名操作主机**角色的域控制器，负责林内**域目录分区**的新建与删除，也就是负责林内的域新建与删除工作。它也负责**应用程序目录分区**的新建与删除。一个林中只能有一台**域命名操作主机**。

10.1.3　RID操作主机

每一个域内只可以有一台域控制器来扮演**RID操作主机**角色，而其主要的工作是发放RID（relative ID）给其域内的所有域控制器。RID有什么用途呢？当域控制器内新建了一个用户、组或计算机等对象时，域控制器需要分配一个唯一的安全标识符（SID）给这个对象，此对象的SID是由域SID与RID所组成的，也就是说**对象SID = 域SID + RID**，而RID并不是由每一台域控制器自己产生的，它是由**RID操作主机**来统一发放给其域内的所有域控制器。每一台域控制器需要RID时，它会向**RID操作主机**索取一些RID，这些RID用完后再向**RID操作主机**索取。

由于是由**RID操作主机**来统一发放RID，因此不会有RID重复的情况发生，也就是每一台域控制器所获得的RID都是唯一的，因此对象的SID也是唯一的。如果是由每一台域控制器各自产生RID的话，则可能不同的域控制器会产生相同的RID，因而会有对象SID重复的情况发生。

10.1.4　PDC模拟器操作主机

每一个域内只可以有一台域控制器来扮演**PDC模拟器操作主机**角色，而它所负责的工作有：

- ↘ **支持旧客户端计算机**：例如用户在域内的旧客户端计算机（例如Windows NT 4.0）上更改密码时，这个密码信息会被更新在PDC（primary domain controller）上，而AD DS通过**PDC模拟器操作主机**来扮演PDC的角色。
- ↘ **减少因为密码复制延迟所造成的问题**：当用户的密码更改后，需要一点时间这个密码才会被复制到其他所有的域控制器。如果在这个密码还没有被复制到其他所有域控制器之前，用户利用新密码登录，则可能会因为负责检查用户密码的域控制器内还没有用户的新密码数据，因而无法成功登录。

  AD DS采用以下方法来减少这个问题发生的概率：当用户的密码更改后，这个密码会优先被复制到**PDC模拟器操作主机**，而其他域控制器仍然是依照常规复制程序，也就是需要等一段时间后才会收到这个最新的密码。如果用户登录时，负责验证用户身份的域控制器发现密码不对时，它会将验证身份的工作转发给拥有新密码的**PDC模拟器操作主机**，以便让用户可以成功登录。
- ↘ **负责整个域时间的同步**：域用户登录时，如果其计算机时间与域控制器不一致的话，将无法登录，而**PDC模拟器操作主机**就是负责整个域内所有计算机时间的同步工作。AD DS的时间同步程序请参考图10-1-1：
  - 图中林根域sayms.local的**PDC模拟器操作主机**DC1默认是使用本地计算机时间，

但也可以将其设置为与外部的时间服务器同步。

- 所有其他域的**PDC模拟器操作主机**的计算机时间会自动与林根域sayms.local内的**PDC模拟器操作主机**同步，例如图中的DC2、DC4、DC5、DC6会与DC1同步。

- 各域内的其他域控制器都会自动与该域的**PDC模拟器操作主机**时间同步，例如DC3会与DC2同步。

- 域内的成员计算机会与验证其身份的域控制器同步，例如图中sh.sayms.local内客户端计算机会与DC3同步。

由于林根域sayms.local内**PDC模拟器操作主机**的计算机时间会影响到林内所有计算机的时间，因此请确保此台**PDC模拟器操作主机**的时间正确性。

图 10-1-1

我们可以利用**w32tm /query /Source**命令来查看时间同步的设置，例如林根域sayms.local的**PDC模拟器操作主机**DC1默认是使用本地计算机时间，如图10-1-2所示的Local CMOS Clock（如果是Hyper-V虚拟机的话，则会显示VM IC Time Synchronization Provider，除非取消虚拟机的**集成服务**中的**时间同步**）。

图 10-1-2

如果要将其改为与外部时间服务器同步的话，可执行以下命令（参考图10-1-3）：

```
w32tm /config /manualpeerlist:"time.windows.com time.nist.gov time-nw.nist.
gov" /syncfromflags:manual /reliable:yes /update
```

此命令被设置成可与3台时间服务器（time.windows.com、time.nist.gov与time-nw.nist.gov）同步，服务器的DNS主机名之间使用空格来隔开，同时利用""符号将这些服务器框起来。

图 10-1-3

客户端计算机也可以通过**w32tm /query /configuration**命令来查看时间同步的设置，而我们可以从此命令的结果界面（参考图10-1-4）的**Type**字段来判断此客户端计算机时间的同步方式：

> 附注 🖉
>
> 未加入域的客户端计算机可能需要先启动**Windows Time**服务，再来执行上述程序，而且必须以系统管理员的身份来执行此程序。

- **NoSync**：表示客户端不会同步时间。
- **NTP**：表示客户端会从外部的时间服务器来同步，而所同步的服务器会显示在图中**NtpServer**字段，例如图中的**time.windows.com**。
- **NT5DS**：表示客户端是通过前面图10-1-1的域架构方式来同步时间。
- **AllSync**：表示客户端会选择所有可用的同步机制，包含外部时间服务器与域架构方式。

图 10-1-4

> 附注 🖉
>
> 上述命令适用于Windows Vista（含）以后的系统，如果是旧版Windows系统的话，可用**net time /querysntp**命令，不过其所显示的信息有限。

如果客户端计算机是通过图10-1-1域架构方式来同步时间的话，则执行**w32tm /query /configuration**命令后的**Type**字段为如图10-1-5所示NT5DS。也可以通过如图10-1-6所示的 **w32tm /query /source**命令来得知其当前所同步的时间服务器，例如图中的dc1.sayms.local， 它就是前面图10-1-1中域sayms.local的PDC。

图 10-1-5

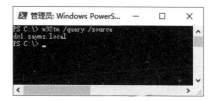

图 10-1-6

> **附注** ✐
>
> 时间同步所使用的通信协议为SNTP（Simple Network Time Protocol），其端口号码为 UDP 123。

未加入域的计算机，其时间默认会自动与微软的时间服务器**time.windows.com**同步，如 果要更改此设置或执行手动同步的话，以Windows 10计算机来说，可以在此计算机上【按 ⊞+R键➲输入control后按Enter键➲单击**时钟和区域**➲单击**日期和时间**➲如图10-1-7所示单击 **Internet时间**选项卡➲单击更改设置按钮➲通过前景图来设置】，图中可通过立即更新按钮 来立即同步时间。域成员计算机或未加入域的计算机都可以利用**w32tm/resync**命令来手动同步。

图 10-1-7

10.1.5 基础结构操作主机

每一个域内只能有一台域控制器来扮演**基础结构操作主机**的角色。如果域内有对象参考 到其他域的对象时，**基础结构操作主机**会负责更新这些参考对象的数据，例如本域内有一个组的成员包含另外一个域的用户账户，当这个用户账户发生变动时，**基础结构操作主机**便会负责更新这个组的成员信息，并将其复制到同一个域内的其他域控制器。

基础结构操作主机是通过**全局编录服务器**来得到这些参考数据的最新版本，因为**全局编录服务器**会收到由每一个域所复制的最新变动信息。

10.2 操作主机的放置优化

为了提高运行效率、减轻系统管理的负担与减少问题发生的概率，因此如何适当地放置操作主机便成为不可忽视的课题。

10.2.1 基础结构操作主机的放置

由于基础结构操作主机与全局编录并不兼容，因此请勿将基础结构操作主机放置到全局编录服务器上，除非是以下的情况：

- **所有的域控制器都是"全局编录服务器"**：由于**全局编录服务器**会收到由每一个域所复制来的最新变动信息，故此时由哪一台域控制器来扮演**基础结构操作主机**都无所谓。
- **只有一个域**：如果整个林中只有一个域，则**基础结构操作主机**就没有作用了，因为没有其他域的对象可供参考，此时不需要理会**基础结构操作主机**是由哪一台域控制器来扮演。

为了便于管理起见，建议将域级别的**RID操作主机**、**PDC模拟器操作主机**与**基础结构操作主机**都放置到同一台域控制器上。

10.2.2 PDC模拟器操作主机的放置

PDC模拟器操作主机经常需要与网络上其他系统通信，它的负担比其他操作主机重，因此这台计算机的设备性能应该要最好、最稳定，以确保能够应付比较繁重的负担与提供比较高的可用性。

如果要降低**PDC模拟器操作主机**负载的话，可以在DNS服务器内调整它的**权重**（weight）。当客户端需要查找域控制器来验证用户身份时，客户端会向DNS服务器查询域控制器，而DNS服务器会将客户端导向（refer to）到指定的域控制器，由这台域控制器来负责验证用户身份，由于所有域控制器默认的**权重**值是相同的（100），因此每一台域控制器被导向的概率是相同的。如果将**PDC模拟器操作主机**的权重值降低的话，例如降为一半（50），则客户端被导向到这台**PDC模拟器操作主机**的概率就会降低一半，如此便可以降低它的负载。

假设**PDC模拟器操作主机**为dc1.sayms.local，而要降低其**权重值**的话：【打开**DNS管理控**制台➲如图10-2-1所示展开到区域sayms.local之下的_tcp文件夹➲双击右侧的dc1.sayms.local➲修改图10-2-2中的**权重值**】。

图 10-2-1

图 10-2-2

10.2.3　林级别操作主机的放置

林中第一台域控制器会自动扮演林级别的**架构操作主机**与**域命名操作主机**的角色，它同时也是**全局编录服务器**。这两个角色并不会对域控制器造成太大负担，它们也与**全局编录**兼容，而且即使将这两个角色移动到其他域控制器也不会改善运行性能，因此为了便于管理与执行备份、还原工作，建议将这两个角色继续保留由这台域控制器来扮演。

10.2.4　域级别操作主机的放置

每一个域内的第一台域控制器会自动扮演域级别的操作主机，而以林根域中的第一台域控制器来说，它同时也扮演两个林级别与3个域级别的操作主机，同时也是**全局编录服务器**，不过因为其中的**基础结构操作主机**与**全局编录**并不兼容，因此除非所有域控制器都是**全局编录服务器**或林中只有一个域，否则请将**基础结构操作主机**的角色转移到其他域控制器，如前所述，为了便于管理起见，请将**RID操作主机**与**PDC模拟器操作主机**也一并转移到这台域控制器。

除了林根域之外，其他域请将3台域级别操作主机保留由第一台控制器来扮演，但不要将这台域控制器设置为**全局编录服务器**，除非所有域控制器都是**全局编录服务器**或林中只有一个域。除非工作负担太重，否则请尽量将这3个操作主机交由同一台域控制器来扮演，以减轻管理负载。

10.3　找出扮演操作主机角色的域控制器

在建立AD DS域时，系统会自动选择域控制器来扮演操作主机，我们将在本节介绍如何找出扮演操作主机的域控制器。

10.3.1　利用管理控制台找出扮演操作主机的域控制器

不同的操作主机角色可以利用不同的Active Directory管理控制台来检查，如表10-3-1所示。

表10-3-1

角色	管理控制台
架构操作主机	Active Directory架构
域命名操作主机	Active Directory域和信任关系
RID操作主机	Active Directory用户和计算机
PDC模拟器操作主机	Active Directory用户和计算机
基础结构操作主机	Active Directory用户和计算机

1．找出架构操作主机

我们可以利用**Active Directory架构**控制台来找出当前扮演**架构操作主机**角色的域控制器。

STEP **1**　请到域控制器上登录、注册schmmgmt.dll，才可使用Active Directory架构控制台，如果尚未注册schmmgmt.dll的话，请先执行以下命令：

```
regsvr32  schmmgmt.dll
```

并在出现登录成功界面后，再继续以下的步骤。

STEP 2 按 ⊞ + R 键➪输入**MMC**后单击 确定 按钮➪单击**文件**菜单➪**添加/删除管理单元**➪在图
10-3-1中选择**Active Directory架构**➪单击 添加 按钮➪单击 确定 按钮。

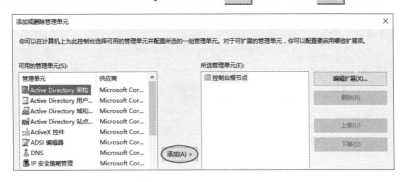

图 10-3-1

STEP 3 如图10-3-2所示【选中**Active Directory架构**并右击➪**操作主机**】。

图 10-3-2

STEP 4 从图10-3-3可知**架构操作主机**为dc1.sayms.local。

图 10-3-3

2. 找出域命名操作主机

找出当前扮演**域命名操作主机**角色的域控制器的方法为：【单击左下角**开始**图标
⊞➪**Windows管理工具**➪**Active Directory域和信任关系**➪如图10-3-4所示选中**Active Directory
域和信任关系**并右击➪**操作主机**➪从前景图可知**域命名操作主机**为dc1.sayms.local】。

图 10-3-4

3. 找出 RID、PDC 模拟器与基础结构操作主机

找出当前扮演这3个操作主机角色的域控制器的方法为：【单击左下角**开始**图标 ⊞⤷**Windows 管理工具**⤷**Active Directory用户和计算机**⤷ 如图 10-3-5 所示选中域名（sayms.local）并右击⤷**操作主机**⤷从前景图可知**RID操作主机**为dc1.sayms.local】，还可以从图中的**PDC**与**基础结构**选项卡来得知扮演这两个角色的域控制器。

图 10-3-5

10.3.2 利用命令找出扮演操作主机的域控制器

可以打开Windows PowerShell窗口，然后通过执行netdom query fsmo命令来查看扮演操作主机角色的域控制器，如图10-3-6所示。

图 10-3-6

也可以在Windows PowerShell窗口内，通过执行以下的Get-ADDomain命令来查看扮演域级别操作主机角色的域控制器（参考图10-3-7）。

```
Get-ADDomain sayms.local | FT PDCEmulator,RIDMaster,InfrastructureMaster
```

或是通过执行以下的Get-ADForest命令来查看扮演林级别操作主机角色的域控制器（参考图10-3-7）。

```
Get-ADForest sayms.local |FT SchemaMaster,DomainNamingMaster
```

图 10-3-7

10.4　转移操作主机角色

在建立AD DS域时，系统会自动选择域控制器来扮演操作主机，而在要将扮演操作主机角色的域控制器降级为成员服务器时，系统也会自动将其操作主机角色转移到另外一台适当的域控制器，因此在大部分的情况下，并不需要自行转移操作主机角色。

不过有时可能需要自行转移操作主机角色，例如架构更改或原来扮演操作主机角色的域控制器负载太重，而想要将其转移到另外一台域控制器，以便降低原操作主机的负载。

请在将操作主机角色安全转移到另外一台域控制器之前，先确定两台域控制器都已经连上网络、可以相互通信，同时操作用户必须是隶属于表10-4-1中的组或被委派权限，才有权执行转移的工作。

表10-4-1

角色	有权限的组
架构操作主机	Schema Admins
域命名操作主机	Enterprise Admins
RID操作主机	Domain Admins
PDC模拟器操作主机	Domain Admins
基础结构操作主机	Domain Admins

Windows Server 2016 Active Directory 配置指南

在执行安全转移操作之前，请注意以下事项：

- 转移角色的过程中并不会有数据丢失；
- 可以将林级别的**架构操作主机**与**域命名操作主机**转移到同一个林中的任何一台域控制器；
- 可以将域级别的**RID操作主机**与**PDC模拟器操作主机**转移到同一个域中的任何一台域控制器；
- 不要将**基础结构操作主机**转移到兼具**全局编录服务器**的域控制器，除非所有域控制器都是**全局编录服务器**或林中只有一个域。

10.4.1　利用管理控制台

转移任何一种操作主机的步骤都类似，因此以下利用转移**PDC模拟器操作主机**为例来说明，并且假设要将**PDC模拟器操作主机**由dc1.sayms.local转移到dc2.sayms.local。

STEP **1**　单击左下角**开始**图标⊞⇨**Windows 管理工具**⇨**Active Directory 用户和计算机**。

> **附注** ✏️
>
> 转移PDC模拟器操作主机、RID操作主机与基础结构操作主机都是使用Active Directory 用户和计算机控制台，而转移架构操作主机是使用Active Directory架构控制台、转移域命名操作主机是使用Active Directory域及信任控制台。

STEP **2**　如果当前所连接的域控制器就是即将扮演操作主机的dc2.sayms.local（如图10-4-1所示），则请跳到 STEP **5**，否则请继续以下的步骤。

图 10-4-1

STEP **3**　如图10-4-2所示【选中**Active Directory用户和计算机**并右击⇨**更改域控制器**】（目前所连接到的域控制器为dc1.sayms.local）。

290

图 10-4-2

STEP **4** 在图10-4-3中选择即将扮演操作主机角色的域控制器dc2.sayms.local后单击确定按钮。

图 10-4-3

STEP **5** 如图10-4-4所示【选中域名sayms.local并右击➲操作主机】。

图 10-4-4

STEP **6** 如图10-4-5所示【单击**PDC**选项卡➲确认当前所连接的域控制器是dc2.sayms.local➲单击更改按钮➲单击是（Y）按钮➲单击确定按钮】。

图 10-4-5

STEP **7**　从图10-4-6中可以确定已成功将操作主机转移到dc2.sayms.local。

图 10-4-6

10.4.2　利用Windows PowerShell命令

单击左下角**开始**图标 ⊞ ➡ **Windows PowerShell**，然后通过执行命令 **Move-ADDirectoryServerOperationMasterRole** 来转移操作主机角色。例如要将 **PDC模拟器操作主机**转移到dc2.sayms.local的话，请执行以下命令后按 Y 键或 A 键（参考图10-4-7）：

```
Move-ADDirectoryServerOperationMasterRole  -Identity  "DC2" -
OperationMasterRole  PDCEmulator
```

图 10-4-7

如果要转移其他角色的话，只要将PDCEmulator字样换成RIDMaster、InfrastructureMaster、SchemaMaster或DomainNamingMaster即可。

如果要一次同时转移多个角色的话，例如同时将**PDC模拟器操作主机**与**基础结构操作主机**转移到dc2.sayms.local的话，请输入以下命令（角色名称之间以逗号隔开）后按Ａ键：

```
Move-ADDirectoryServerOperationMasterRole -Identity "DC2" -
OperationMasterRole PDCEmulator, InfrastructureMaster
```

这些角色也可以利用数字来代表，如表10-4-2所示。

表10-4-2

操作主机	代表号码
PDC模拟器操作主机	0
RID操作主机	1
基础结构操作主机	2
架构操作主机	3
域命名操作主机	4

因此，如果要将所有操作主机都转移到dc2.sayms.local的话，可执行以下指令后按Ａ键：

```
Move-ADDirectoryServerOperationMasterRole -Identity "DC2" -
OperationMasterRole 0,1,2,3,4
```

10.5　夺取操作主机角色

若扮演操作主机角色的域控制器发生故障或网络有问题时，则可能需要采用**夺取**（seize，拿取）方式来将操作主机角色强迫转移到另外一台域控制器。

注意

> 只有在无法安全转移的情况下，才使用夺取的方法。由于夺取是非常的手段，因此请确认有其必要性后，再执行夺取的步骤。

10.5.1　操作主机停摆所造成的影响

有的操作主机发生故障时，短时间内就会对网络造成明显的影响，然而有的却不会，因此请参考以下说明来决定是否要尽快夺取操作主机角色。

由于新操作主机是根据其中的AD DS数据库来运作，因此为了减少数据丢失，请在执行夺取步骤之前等一段足够的时间（至少等所有域控制器之间完成一次AD DS复制所需的时间），让这台即将成为新操作主机的域控制器完整接收到从其他域控制器复制的异动数据。

由于夺取操作主机时并未与原操作主机沟通协调，因此一旦夺取操作主机角色后，请不要再启动原扮演操作主机角色的域控制器，否则会出现两台域控制器都各自认为是操作主机，因而会影响到AD DS的运作。

> **注意** 🔊
>
> 一旦**架构操作主机**、**域命名操作主机**或**RID操作主机**的角色被夺取后，请**永远不要**将原来扮演这些操作主机角色的域控制器再连接到网络上，否则严重的话，整个AD DS数据库可能会损毁。建议将这台域控制器的硬盘格式化。

1．架构操作主机停止服务时

由于用户并不会直接与**架构操作主机**沟通，因此若**架构操作主机**暂时无法提供服务的话，对用户并没有影响；而对系统管理员来说，除非他们需要存取架构内的数据，例如安装会修改架构的应用程序（例如Microsoft Exchange Server），否则也暂时不需要使用到**架构操作主机**，所以请等**架构操作主机**修复后重新上线即可，不需要执行夺取的步骤。

如果**架构操作主机**停摆的时间太久，以至于影响到系统运作时，则您应该夺取操作主机角色，以便改由另外一台域控制器来扮演。

2．域命名操作主机停止服务时

域命名操作主机暂时无法提供服务的话，对网络用户并没有影响，而对系统管理员来说，除非他们要添加或删除域，否则也暂时不需要使用到**域命名操作主机**，所以请等**域命名操作主机**修复重新上线即可，不需要执行夺取的步骤。

如果**域命名操作主机**停止服务的时间太久，以至于影响到系统运作时，则应该夺取操作主机角色，改由另外一台域控制器来扮演。

3．RID 操作主机停止服务时

RID操作主机暂时无法提供服务，对网络用户并没有影响，而对系统管理员来说，除非他们要在域内新增对象，同时他们所连接的域控制器之前所索取的RID已经用完，否则也暂时不需要使用到**RID操作主机**，故可以不需要执行夺取的步骤。

如果**RID操作主机**停止服务的时间太久，以至于影响到系统运作时，则您应该夺取操作主机角色，改由另外一台域控制器来扮演。

4．PDC 模拟器操作主机停止服务时

由于**PDC模拟器操作主机**无法提供服务时，网络用户可能会比较快察觉到，例如密码复

制延迟问题，造成客户端无法使用新密码来登入（参考章节10-1关于**PDC模拟器操作主机**的说明），此时应该尽快修复**PDC模拟器操作主机**，若无法在短期内修复的话，则需要尽快执行夺取步骤。

5. 基础结构操作主机停止服务时

基础结构操作主机暂时无法提供服务的话，对网络用户并没有影响，而对系统管理员来说，除非他们最近搬移大量账户或改变大量账户的名称，否则也不会察觉到**基础结构操作主机**已经停止服务，所以暂时可以不需要执行夺取的步骤。

若**基础结构操作主机**停止服务的时间太久，以至于影响到系统运作时，则应该夺取操作主机角色，改由另外一台不是**全局编录服务器**的域控制器来扮演此角色。

10.5.2 夺取操作主机角色实例演练

我们利用以下范例来解说如何夺取操作主机角色，以便让域能够继续正常运作。

> **注意**
>
> 只有在无法利用**转移**方法的情况下，才使用**夺取**方法。你必须是隶属于适当的组才可以执行**夺取**的操作（参见表10-4-1）。

假设图10-5-1中只有一个域，其中除了**PDC模拟器操作主机**是由dc2.sayms.local所扮演之外，其他4个操作主机都是由dc1.sayms.local所扮演。现在假设dc2.sayms.local这台域控制器因故永远无法使用了，因此需要夺取**PDC模拟器操作主机**角色，改由另外一台域控制器dc1.sayms.local来扮演。

图 10-5-1

单击左下角**开始**图标⊞⊃**Windows PowerShell**，然后跟前面转移角色一样使用命令**Move-ADDirectoryServerOperationMasterRole**，不过要增加**-Force**参数来夺取操作主机角色，例如以下命令会夺取**PDC模拟器操作主机**，并改由dc1.sayms.local来扮演：

```
Move-ADDirectoryServerOperationMasterRole  -Identity"DC1"-OperationMasterRole
PDCEmulator  -Force
```

图 10-5-2

第 11 章　AD DS 的维护

为了维持域环境的正常运行，因此应该定期备份AD DS（Active Directory域服务）的相关数据。同时为了保持AD DS的运行性能，因此也应该充分了解AD DS数据库。

- ↘ 系统状态概述
- ↘ 备份AD DS
- ↘ 还原AD DS
- ↘ AD DS数据库的移动与整理
- ↘ 重置"目录服务修复模式"的管理员密码
- ↘ 更改"可重新启动的AD DS"的注册表设置
- ↘ Active Directory回收站

11.1 系统状态概述

Windows Server 2016服务器的系统状态（system state）内所包含的数据，因服务器所安装的角色种类而有所不同，例如可能包含着以下的数据：

- ↘ 键值
- ↘ COM+ 类别注册数据库（Class Registration database）
- ↘ 启动文件（boot files）
- ↘ Active Directory证书服务（AD CS）数据库
- ↘ AD DS数据库（Ntds.dit）
- ↘ SYSVOL文件夹
- ↘ 群集服务信息
- ↘ Microsoft Internet Information Services（IIS） metadirectory
- ↘ 受Windows Resource Protection保护的系统文件

11.1.1 AD DS数据库

AD DS内的组件主要分为AD DS数据库文件与SYSVOL文件夹，其中AD DS数据库文件默认是位于%*systemroot*%\NTDS文件夹内，如图11-1-1所示。

图 11-1-1

- ↘ **ntds.dit**：AD DS数据库文件，存储着这台域控制器的AD DS内的对象。
- ↘ **edb.log**：它是AD DS事务日志（扩展名.log默认会被隐藏），容量大小为10 MB。当要更改AD DS内的对象时，系统会先将变动数据写入到内存（RAM）中，然后等适当时机（例如系统空闲、关机时等），再根据内存中的记录来将更新数据写入AD DS数据库（ntds.dit）。这种先在内存中处理的方式，可提高AD DS的工作效率。

系统也会将内存中数据的变动过程写到事务日志内（edb.log），如果系统不正常关机（例如断电），以至于内存中尚未被写入AD DS数据库的更新数据丢失时，系统就可以根据事务日志，来推算出不正常关机前，在内存中的更新记录并将这些记录写入AD DS数据库。如果事务日志填满了数据，则系统会将其改名，例如Edb00001.log、Edb00002.log、……，并重新建立一个事务日志。

- **edb.chk**：它是**检查点**（checkpoint）文件。每一次系统将内存中的更新记录写入AD DS数据库时，都会一并更新edb.chk，它会记载事务日志的检查点。如果系统不正常关机，以至于内存中尚未被写入AD DS数据库的更新记录丢失的话，则下一次开机时，系统便可以根据edb.chk来得知需要从事务日志内的哪一个变动过程开始，来推算出不正常关机前内存中的更新记录，并将它们写入AD DS数据库。
- **edbres00001.jrs与edbres00002.jrs**：这两个是预留文件，未来如果硬盘的空间不够时可以使用这两个文件，每一个文件都是10 MB。

11.1.2 SYSVOL文件夹

SYSVOL文件夹是位于%*systemroot*%内，此文件夹内存储着以下的数据：**脚本文件**（scripts）、**NETLOGON共享文件夹**、**SYSVOL共享文件夹与组策略相关设置**。

11.2 备份AD DS

应该定期备份域控制器的系统状态，以便当域控制器的AD DS损坏时，可以通过备份数据来还原域控制器。

11.2.1 安装Windows Server Backup功能

首先需要添加Windows Server Backup功能：【打开**服务器管理器**⊃单击**仪表板**处的**添加角色和功能**⊃持续单击 下一步 按钮，直到出现如图11-2-1所示的界面时勾选**Windows Server Backup**⊃单击 下一步 按钮、安装 按钮】。

图 11-2-1

11.2.2　备份系统状态

我们将通过备份**系统状态**的方式来备份AD DS，系统状态的文件是位于安装Windows系统的磁盘内，一般是C盘，这个磁盘我们将它称为备份的**源磁盘**，然而备份**目的地磁盘**默认是不能包含源磁盘，所以无法将系统状态备份到源磁盘C:，因此需要将其备份到另外一个磁盘、DVD或其他计算机内的共享文件夹。操作用户必须隶属于Administrators或Backup Operators组才有权限执行备份系统状态的工作，而且必须有权限将数据写入目的地磁盘或共享文件夹。

> **附注**
>
> 如果要开放可以备份到源磁盘的话，请在以下注册表路径新建一条名称为AllowSSBToAnyVolume的键值，其类型为DWORD：
>
> HKLM\SYSTEM\CurrentControlSet\Services\wbengine\SystemStateBackup
>
> 其值为1表示开放，为0表示禁止。建议不要开放，否则可能会备份失败，而且需要使用比较多的磁盘空间。

以下假设我们要将系统状态数据备份到网络共享文件夹\\dc2\backup内（请先在dc2计算机上建立好此共享文件夹）：

STEP **1**　单击左下角**开始**图标⊞➲**Windows 管理工具**➲**Windows Server Backup**➲如图11-2-2所示单击**一次性备份…**。

图 11-2-2

STEP **2**　如图11-2-3所示选择**其他选项**后单击下一步按钮。

STEP **3**　在图11-2-4中选择**自定义**后单击下一步按钮。

图 11-2-3

图 11-2-4

 附注

也可以通过**整个服务器**来备份整台域控制器内的所有数据，它包含系统状态。

STEP **4** 如图11-2-5所示单击添加项目按钮。

图 11-2-5

STEP **5** 如图11-2-6所示勾选**系统状态**后单击确定按钮。

图 11-2-6

STEP **6**   回到**选择要备份的项**界面后单击 下一步 按钮。

STEP **7**   如图11-2-7所示选择**远程共享文件夹**后单击 下一步 按钮。

图 11-2-7

STEP **8**   如图11-2-8所示在**位置**处输入\\dc2\backup后单击 下一步 按钮。

图 11-2-8

STEP **9**   在**确认**界面中单击 备份 按钮。

也可以通过**wbadmin**命令来备份系统状态，例如：

```
wbadmin start systemstatebackup -backuptarget:\\dc2\backup
```

此范例假设是要备份到网络共享文件夹**dc2\backup**。

11.3 还原AD DS

在系统状态备份完成后，若之后AD DS数据损坏的话，就可以通过执行**非授权还原**（nonauthoritative restore）的程序来修复AD DS。必须进入**目录服务修复模式**（Directory Services Restore Mode，DSRM），然后利用之前的备份来执行**非授权还原**的工作。

如果系统无法启动的话，则应该执行完整服务器的还原程序，而不是**非授权还原**程序。

11.3.1 进入目录服务修复模式的方法

打开**命令行**窗口，然后执行以下命令：

```
Bcdedit /set {bootmgr} displaybootmenu Yes
```

重新启动后将出现如图11-3-1的**Windows启动管理器**界面，此时请在30秒内按F8键（如果计算机内安装了多套Windows系统的话，它会自动显示图11-3-1的界面，不需要执行上述命令）。

图 11-3-1

注意

如果使用虚拟机的话，按F8键前先确认焦点是虚拟机上。

之后将出现图11-3-2的**高级启动选项**界面，请选择**目录服务修复模式**后按Enter键，之后就会出现**目录服务修复模式**的登录界面（后述）。

图 11-3-2

附注 📝

1. 也可以执行**bcdedit /set safeboot dsrepair**命令，不过以后每次启动计算机时，都会进入
   目录服务修复模式的登录界面，因此在完成AD DS还原程序后，请执行**bcdedit
   /deletevalue   safeboot**命令，以便之后启动计算机时，会重新以普通模式来启动系
   统。

2. 也可以在域控制器上通过重新启动，完成自检后，在系统启动初期立刻按 F8 键的方
   式来显示图11-3-2的**高级启动选项**界面，不过却不容易抓准按 F8 键的时机。

11.3.2   执行AD DS的非授权还原

接下来需要利用**目录服务修复模式**的系统管理员账户与密码登录，并执行AD DS的标准
修复程序，也就是**非授权还原**。以下假设之前制作的系统状态备份是位于网络共享文件夹
\\dc2\backup内。

STEP **1**　　在**目录服务修复模式**的登录界面中，如图11-3-3所示输入**目录服务修复模式**的系统管
　　　　　　理员的用户名称与密码来登录，其中用户名称可输入.**\Administrator**或***计算机名称***
　　　　　　\Administrator。

图 11-3-3

STEP **2**　单击左下角**开始**图标⊞➲**Windows 管理工具**➲**Windows Server Backup**➲单击图11-3-4
左侧**本地备份**➲单击右侧的**恢复…**。

图 11-3-4

STEP **3**　如图11-3-5所示选择**在其他位置存储备份**后单击 下一步 按钮。

图 11-3-5

STEP **4**　如图11-3-6所示选择**远程共享文件夹**后单击 下一步 按钮。

图 11-3-6

STEP **5**　如图11-3-7所示输入共享文件夹路径\\dc2\backup后单击 下一步 按钮。

图 11-3-7

STEP **6**　在图11-3-8中选择备份的日期与时间后单击 下一步 按钮。

图 11-3-8

STEP **7**　如图11-3-9所示选择恢复**系统状态**后单击 下一步 按钮。

图 11-3-9

STEP 8 如图11-3-10所示选择**原始位置**后单击 下一步 按钮。

图 11-3-10

STEP 9 在图11-3-11中单击 确定 按钮。

图 11-3-11

STEP 10 参考图11-3-12中的说明后单击 确定 按钮。

图 11-3-12

STEP **11** 如图11-3-13所示单击恢复按钮。

图 11-3-13

STEP **12** 在图11-3-14中单击是（Y）按钮。

图 11-3-14

STEP **13** 完成恢复后，请依照界面提示重新启动计算机。

> **附注** 🖊
>
> 如果是利用 **bcdedit /set safeboot dsrepair** 命令进入目录服务修复模式的话，可先执行 bcdedit /deletevalue safeboot，以便让系统重新以普通模式启动。

如果要通过wbadmin.exe程序来恢复系统状态的话，请先执行以下命令：

```
wbadmin get versions -backuptarget:\\dc2\backup
```

它用来读取备份的版本号码，其中的**-backuptarget**用来指定存储备份的位置。

> **附注** 🖊
>
> 如果在存储备份的位置内存储着多台服务器的备份，则可以指定要读取的服务器，例如要读取属于服务器DC1的备份的话，可增加**-machine:dc1** 这个参数。

请记下要用来恢复的备份版本，它是位于**版本标识符**处的字符串（假设是**07/21/2018-23:42**），然后执行以下命令：

```
wbadmin start systemstaterecovery-version:07/21/2018-23:42 -
ackuptarget:\\dc2\backup
```

11.3.3 针对被删除的AD DS对象执行授权还原

如果域内只有一台域控制器，则只需要执行**非授权还原**即可，但是如果域内有多台的域控制器的话，则可能还需配合**授权还原**。

例如域内有两台域控制器DC1与DC2，而且曾经备份域控制器DC2的系统状态，可是今天却不小心利用**Active Directory管理中心**控制台将用户账户**王乔治**删除，之后这个变动数据会通过AD DS复制机制被复制到域控制器DC1，因此在域控制器DC1内的**王乔治**账户也会被删除。

> **注意** 🔖
>
> 当你将用户账户删除后，此账户并不会立刻从AD DS数据库内删除，而是被移动到AD DS数据库内一个名称为**Deleted Objects**的容区内，同时这个用户账户的版本号码会被加1。系统默认是180天后才会将其从AD DS数据库内删除。

若要恢复被不小心删除的**王乔治**账户，可能会在域控制器DC2上利用标准的**非授权还原**来将之前已经备份的旧**王乔治**账户恢复，可是虽然在域控制器DC2内的**王乔治**账户已被恢复了，但是在域控制器DC1内的**王乔治**却是被标记为**已删除**的账户，请问下一次DC1与DC2之间执行Active Directory复制过程时，将会有什么样的结果呢？

　　答案是在DC2内刚被恢复的**王乔治**账户会被删除，因为对系统来说，DC1内被标记为**已删除**的**王乔治**的版本号较高，而DC2内刚恢复的**王乔治**是旧的数据，其版本号较低。在第9章曾经介绍过两个对象发生冲突时，系统会以**标记**（stamp）来作为解决冲突的依据，因此版本号码较高的对象会覆盖掉版本号码较低的对象。

　　如果要避免上述现象发生的话，需要另外再执行**授权还原**。当在DC2上针对**王乔治**账户另外执行过**授权还原**后，这个被恢复的旧**王乔治**账户的版本号将被增加，而且是从备份当天开始到执行**授权还原**为止，每天增加100,000，因此当DC1与DC2开始执行复制工作时，由于位于DC2的旧**王乔治**账户的版本号会比较高，所以这个旧**王乔治**会被复制到DC1，将DC1内被标记为**已删除**的**王乔治**覆盖掉，也就是说旧**王乔治**被还原了。

　　以下练习假设上述用户账户**王乔治**是建立在域sayms.local的组织单位**业务部**内，我们需要先执行**非授权还原**，然后再利用**ntdsutil**命令来针对用户账户**王乔治**执行**授权还原**。可以依照以下的顺序来练习：

- 在域控制器DC2建立组织单位**业务部**、在**业务部**内建立用户账户**王乔治**（George）
- 等组织单位**业务部**、用户账户**王乔治**账户被复制到域控制器DC1
- 在域控制器DC2备份**系统状态**
- 在域控制器DC2上将用户账户**王乔治**删除（此账户会被移动到**Deleted Objects**容器内）
- 等这个被删除的**王乔治**账户被复制到域控制器DC1，也就是等DC1内的**王乔治**也被删除（默认是等15秒）
- 在DC2上先执行**非授权还原**，然后再执行**授权还原**，它便会将被删除的**王乔治**账户还原

　　以下仅说明最后一个步骤，也就是先执行**非授权还原**，然后再执行**授权还原**。

STEP **1**　　请到DC2执行**非授权还原**步骤，也就是前面11.3.2小节的**执行AD DS的非授权还原**STEP **1**到STEP **12**，注意不要执行STEP **13**，也就是完成恢复后，**不要重新启动计算机**。

STEP **2**　　继续在**Windows PowerShell**窗口下执行以下命令（完整的操作界面可以如图11-3-16所示）：

```
ntdsutil
```

STEP **3**　　在**ntdsutil**：提示符下执行以下命令：

```
activate  instance  ntds
```

表示要将域控制器的**AD DS**数据库设置为使用中。

STEP **4**　在**ntdsutil：**提示符下执行以下命令：

```
authoritative  restore
```

STEP **5**　在**authoritative restore：**提示符下，针对域sayms.local的组织单位**业务部**内的用户**王乔治**执行**授权还原**，其命令如下所示：

```
restore  object  CN=王乔治,OU=业务部,DC=sayms,DC=local
```

> **附注**
>
> 如果要针对整个AD DS数据库执行**授权还原**的话，请执行**restore database**命令；如果要针对组织单位**业务部**执行**授权还原**的话，请执行以下命令（可输入**?**来查询命令的语法）：
>
> ```
> restore  subtree  OU=业务部,DC=sayms,DC=local
> ```

STEP **6**　在图11-3-15中单击是（Y）按钮。

图 11-3-15

STEP **7**　图11-3-16为前面几个步骤的完整操作过程。

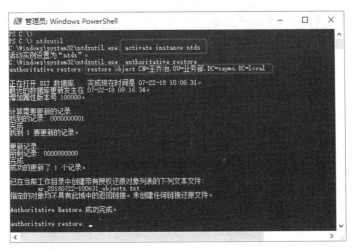

图 11-3-16

STEP **8**　在authoritative restore：提示符下，执行**quit**命令。

STEP **9** 在**ntdsutil**：提示符下，执行**quit**命令。

STEP **10** 利用普通模式重新启动系统。

STEP **11** 等域控制器之间的AD DS自动同步完成，或利用**Active Directory站点和服务**手动同步，或执行以下命令来手动同步：

```
repadmin  /syncall dc2.sayms.local  /e  /d  /A  /P
```

其中/e表示包含所有站点内的域控制器，/d表示信息中以distinguished name（DN）来识别服务器，/A表示同步此域控制器内的所有目录分区，/P表示同步方向是将此域控制器（dc2.sayms.local）的变动数据传送给其他域控制器。

完成同步工作后，可利用**Active Directory管理中心**来验证组织单位**业务部**内的用户账户**王乔治**已经被恢复，也可以通过以下命令来验证**王乔治**账户的属性版本号码确实被增加了100,000，如图11-3-17中的**版本**字段所示。

```
repadmin /showmeta CN=王乔治,OU=业务部,DC=sayms,DC=local
```

图 11-3-17

附注 📝

如果是使用wbadmin程序，并且要针对SYSVOL文件夹执行**授权还原**的话，请在执行**非授权还原**时，增加**-authsysvol**参数，例如：

```
wbadmin  start  systemstaterecovery  -其他参数  -authsysvol
```

11.4 AD DS数据库的移动与整理

AD DS数据库与事务日志的存储位置默认是在%*systemroot*%\NTDS文件夹内，然而一段时间以后，如果硬盘存储空间不够或为了提高工作效率的话，有可能需要将AD DS数据库移动到其他位置或重整。

11.4.1 可重新启动的AD DS（Restartable AD DS）

如果要进行AD DS数据库维护工作的话，例如移动AD DS数据库、数据库脱机整理等，可以选择重新启动计算机，然后进入**目录服务修复模式**内来执行这些维护工作。如果这台域控制器也同时提供其他网络服务的话，例如它同时也是DHCP服务器，则重新启动计算机将造成这些服务会暂时停止对客户端服务。

除了进入**目录服务修复模式**之外，Windows Server 2016域控制器还提供**可重新启动的AD DS**功能，此时只需要将AD DS服务停止，就可以执行AD DS数据库的维护工作，不需要重新启动计算机来进入**目录服务修复模式**，如此不但可让AD DS数据库的维护工作更容易、更快完成，并且其他服务也不会被中断。完成维护工作后再重新启动AD DS服务即可。

在AD DS服务停止的情况下，只要还有其他域控制器在线，则仍然可以在这台AD DS服务已经停止的域控制器上利用域用户账户来登录。

11.4.2 移动AD DS数据库文件

在此我们不采用进入**目录服务修复模式**的方式，而是利用将AD DS服务停止的方式来进行AD DS数据库文件的移动工作，此时必须至少是隶属于Administrators组的成员才有权限进行以下的工作。

我们要利用**Ntdsutil.exe**来移动AD DS数据库与事务日志，以下练习假设要将它们都移动到C:\NewNTDS文件夹。

> **附注** 🖊
>
> 1. 不需要手动建立此文件夹，因为**Ntdsutil.exe**会自动建立。如果要事先建立此文件夹，请确认SYSTEM与Administrators对此文件夹拥有**完全控制**的权限。
> 2. 如果要更改SYSVOL文件夹的存储位置，建议方法为：删除AD DS、重新安装AD DS、在安装过程中指定新的存储位置。

STEP **1**　　打开Windows PowerShell窗口。

STEP **2**　　如图11-4-1所示执行以下命令来停止AD DS服务：

```
net  stop  ntds
```

接着输入**Y**后按 Enter 键。它也会将其他相关服务一起停止。

图 11-4-1

STEP **3** 在 **Windows PowerShell** 提示符下执行以下命令（参考图 11-4-2）：

```
ntdsutil
```

STEP **4** 在 **ntdsutil**：提示符下执行以下命令：

```
activate  instance  ntds
```

表示要将域控制器的 **AD DS** 数据库设置为使用中。

STEP **5** 在 **ntdsutil**：提示符下，执行以下命令：

```
files
```

STEP **6** 在 file maintenance：提示符下执行以下命令：

```
info
```

它可以查看 **AD DS** 数据库与事务日志当前的存储位置，由图 11-4-2 下方可知道它们目前都是位于 **C:\Windows\NTDS** 文件夹内。

图 11-4-2

STEP **7** 在 **file maintenance**：提示符下，如图 11-4-3 所示执行以下命令，以便将数据库文件移动到 **C:\NewNTDS**：

```
move  db  to  C:\NewNTDS
```

图 11-4-3

STEP **8**　在**file maintenance**：提示符下，如图11-4-4所示执行以下命令，以便将事务日志文件
也移动到C:\NewNTDS：

```
move  logs  to  C:\NewNTDS
```

由图中下半部可知数据库与事务日志都已经正确地被移动到新位置C:\NewNTDS。

图 11-4-4

STEP **9**　在**file maintenance**：提示符下，如图11-4-5所示执行以下命令，以便执行数据库的完
整性检查：

```
Integrity
```

由图下方的文字Integrity check successful可知完整性检查成功。

图 11-4-5

STEP **10** 在 **file maintenance**：提示符下执行以下命令：

```
quit
```

STEP **11** 如果完整性检查成功的话，可跳到STEP **20**，否则请继续以下的步骤。

STEP **12** 在**ntdsutil**：提示符下执行以下命令（参考图11-4-6）：

```
semantic database analysis
```

STEP **13** 在**semantic checker**：提示符下执行以下命令，以便启用详细信息模式：

```
verbose on
```

STEP **14** 在**semantic checker**：提示符下执行以下命令，以便执行语义数据库分析工作：

```
go fixup
```

图 11-4-6

STEP **15** 在semantic checker：提示符下执行以下命令：

```
quit
```

STEP **16** 如果语义数据库分析没有错误的话，可跳到STEP **20**，否则继续以下的步骤。

STEP **17** 在**ntdsutil**：提示符下执行以下命令（参考图11-4-7）：

```
files
```

STEP **18** 在**file maintenance**：提示符下执行以下命令，以便修复数据库：

```
recover
```

图 11-4-7

STEP **19** 在file maintenance：提示符下执行以下命令：

```
quit
```

STEP **20** 在**ntdsutil**：提示符下执行以下命令：

```
quit
```

STEP **21** 回到**Windows PowerShell提示符**下执行以下命令，以便重新启动AD DS服务：

```
net start ntds
```

11.4.3 重整AD DS数据库

AD DS数据库的重整操作（defragmentation），会将数据库内的数据排列整齐，让信息的读取速度更快，可以提升AD DS运行效率。AD DS数据库的重整分为：

> **在线重整**：每一台域控制器会每隔12小时自动执行所谓的**垃圾回收程序**（garbage collection process），它会重整AD DS数据库。**在线重整**并无法减少AD DS数据库文件（ntds.dit）的大小，而只是将数据有效地重新整理、排列。由于此时AD DS还在运行中，因此这个重整操作被称为**在线重整**。
>
> 另外，我们曾经说过一个被删除的对象，并不会立刻被从AD DS数据库内删除，而是被移动到一个名称为**Deleted Objects**的容器内，这个对象在180天以后才会被自动清除，而这个清除操作也是由**垃圾回收程序**所负责。虽然对象已被清除，不过腾出的空间并不会还给操作系统，也就是数据库文件的大小并不会减少。当建立新对象时，该对象就会使用腾出的可用空间。
>
> **脱机重整**：脱机重整必须在AD DS服务停止或**目录服务修复模式**内手动进行，脱机重整会建立一个全新的、整齐的数据库文件，并会将已删除的对象所占用空间还给操作系统，因此可以腾出可用的硬盘空间给操作系统或其他应用程序来使用。

附注 🖉

在一个包含多个域的林中，如果有一台域控制器曾经兼具**全局编录服务器**角色，但现在已经不再是**全局编录服务器**的话，则这台域控制器经过**脱机重整**后，新的AD DS数据库文件会比原来的文件小很多，也就是说可以腾出很多的硬盘空间给操作系统。

以下将介绍如何来执行**脱机重整**的步骤。请确认当前存储AD DS数据库的磁盘内有足够可用空间来存储**脱机重整**所需的缓存文件，至少保留数据库文件大小的15%可用空间。还有重整后的新文件的存储位置，也需要保留至少与原数据库文件大小的可用空间。以下假设原数据库文件是位于C:\Windows\NTDS文件夹，而我们要将重整后的新文件放到C:\NTDSTemp文件夹。

> 附注 ✐
>
> 1. 不需要手动建立C:\NTDSTemp文件夹，**Ntdsutil.exe**会自动建立。
> 2. 如果要将重整后的新文件存储到网络共享文件夹，需要开放Administrators组有权利来访问此共享文件夹，并先利用网络驱动器来连接到此共享文件夹。

STEP **1**　开启Windows PowerShell窗口。

STEP **2**　执行**net stop ntds**命令、输入**Y**后按 Enter 键来停止AD DS服务（它也会将其他相关服务停止）。

STEP **3**　在**Windows PowerShell提示符**下执行以下命令（参考图11-4-8）：

```
ntdsutil
```

STEP **4**　在**ntdsutil**：提示符下执行以下命令：

```
activate instance ntds
```

表示要将域控制器的**AD DS**数据库设置为使用中。

STEP **5**　在**ntdsutil**：提示符下执行以下命令：

```
files
```

STEP **6**　在file maintenance：提示符下执行以下命令：

```
info
```

它可以查看**AD DS**数据库与事务日志当前的存储位置，由图11-4-8下方可知道它们当前都是位于C:\Windows\NTDS文件夹内。

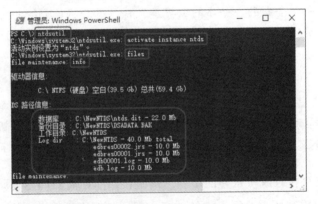

图 11-4-8

STEP **7**　在**file maintenance**：提示符下，如图11-4-9所示执行以下命令，以便重整数据库文件，并将所产生的新数据库文件放到E:\NTDSTTemp文件夹内（新文件的名称还是**ntds.dit**）：

```
compact  to  C:\NTDSTemp
```

> **附注**
>
> 1. 如果路径中有空格的话，请在路径前后加上双引号，例如"C:\New Folder"。
> 2. 如果要将新文件放到网络驱动器的话，例如K:，利用**compact to K:**命令：

图 11-4-9

STEP 8 暂时不要离开**ntdsutil**程序、打开**文件资源管理器**后执行以下几个步骤：

↘ 将原数据库文件C:\Windows\NTDS\ntds.dit备份起来，以备不时之需。

↘ 将重整后的新数据库文件C:\NTDSTemp\ntds.dit复制到C:\Windows\NTDS文件夹，并覆盖原数据库文件。

↘ 将原事务日志C:\Windows\NTDS*.log删除。

STEP 9 继续在**ntdsutil**程序的**file maintenance**：提示符下，如图11-4-10所示执行以下命令，以便执行数据库的完整性检查：

```
integrity
```

由图下方所显示的Integrity check successful可知完整性检查成功。

图 11-4-10

STEP **10**　在file maintenance：提示符下执行以下命令：

```
quit
```

STEP **11**　在**ntdsutil**：提示符下执行以下命令：

```
quit
```

STEP **12**　回到**Windows PowerShell提示符**下执行以下命令，以便重新启动AD DS服务：

```
net start ntds
```

如果无法启动AD DS服务的话，请试着采用以下方法来解决问题：

↘ 利用**事件查看器**来查看**目录服务**日志文件，如果有事件标识符为1046或1168的事件日志的话，请利用备份来还原AD DS。

↘ 再执行数据库完整性检查（integrity），如果检查失败的话，请将之前备份的数据库文件ntds.dit复制回原数据库存储位置，然后重复数据库重整操作，如果这个操作中的数据库完整性检查还是失败的话，请执行语义数据库分析操作（semantic database analysis），如果失败的话，请执行修复数据库的操作（recover）。

11.5　重置"目录服务修复模式"的系统管理员密码

如果**目录服务修复模式**的系统管理员密码忘了，以至于无法进入**目录服务修复模式**时该怎么办呢？此时可以在普通模式下，利用**ntdsutil**程序来重置**目录服务修复模式**的系统管理员密码，其步骤如下所示：

STEP **1**　请到域内的任何一台成员计算机上利用域系统管理员账户登录。

STEP **2**　打开**Windows PowerShell**窗口，执行以下命令（完整的操作界面请见图11-5-1）：

```
ntdsutil
```

STEP **3**　在**ntdsutil**：提示符下执行以下命令：

```
set DSRM password
```

STEP **4**　在**重置DSRM管理员密码**：提示符下执行以下命令：

```
reset password on server dc2.sayms.local
```

以上命令假设要重置域控制器dc2.sayms.local的**目录服务修复模式**的系统管理员密码。

注意 🖮

要被重置密码的域控制器，其AD DS服务必须启动中。

STEP **5** 输入与确认新密码。

STEP **6** 连续输入**quit**命令以便离开**ntdsutil**程序，图11-5-1为以上几个主要步骤的操作界面。

```
管理员: Windows PowerShell                      —    □    ×

PS C:\>
PS C:\> ntdsutil
C:\Windows\system32\ntdsutil.exe: set DSRM password
重置 DSRM 管理员密码: reset password on server dc2.sayms.local
请键入 DS 还原模式 Administrator 账户的密码: *******
请确认新密码: *******
密码设置成功。

重置 DSRM 管理员密码: _
```

图11-5-1

11.6　更改可重新启动的AD DS的登录设置

在AD DS服务停止的情况下，只要还有其他域控制器在线，则仍然可以在这台AD DS服务已经停止的域控制器上利用域用户账户来登录。如果没有其他域控制器在在线的话，可能会产生问题，例如：

❯ 在域控制器上利用域系统管理员的身份登录。

❯ 将AD DS服务停止。

❯ 一段时间未操作此计算机，因而屏幕保护程序被启动，并且需输入密码才能解锁。

此时如果要继续使用这台域控制器的话，就需要输入域系统管理员账户来解开屏幕保护的锁定，不过因为AD DS服务已经停止，而且网络上也没有其他域控制器在线，因此无法验证域系统管理员身份，也就无法解开屏幕保护的锁定。如果事先更改默认登录设置的话，就可以在这个时候利用**目录服务修复模式**（DSRM）的系统管理员（**DSRM管理员**）账户来解除锁定。更改登录设置的方法为：执行注册表编辑器REGEDIT.EXE，然后修改或新建以下的键值：

```
HKEY_LOCAL_MACHINE\System\CurrentControlSet\Control\Lsa\DSRMAdminLogonBehavior
```

DSRMAdminLogonBehavior的数据类型为REG_DWORD，它用来决定在这台域控制器以正常模式启动、但AD DS服务停止的情况下，能否利用**DSRM管理员**登录：

❯ **0**：不能登录。DSRM管理员只能登录到目录服务修复模式（默认值）。

❯ **1**：**DSRM管理员**可以在AD DS服务停止的情况下登录，不过**DSRM管理员**不受密码策略设置的约束。在域中只有一台域控制器的情况之下，或某台域控制器是在一个隔离的网络等状况之下，此时或许希望能够将此参数改为这个设置值。

2: 在任何情况之下，也就是不论AD DS服务是否启动、不论是否在**目录服务修复模式**下，都可以使用**DSRM系统管理员**来登录。不建议采用此方式，因为**DSRM管理员**不受密码策略设置的约束。

11.7　Active Directory回收站

在旧版Windows系统中，系统管理员容易不小心将AD DS对象删除，因而造成对象恢复的问题，尤其是误删除组织单位的话，其中所有对象都会丢失。虽然系统管理员可以进入**目录服务修复模式**来恢复被误删的对象，不过很耗费时间，并且在进入**目录服务修复模式**这一段期间内，域控制器会暂时停止对客户端提供服务。

较新版本的Windows Server系统中针对此事进行了改良，例如可以在新建用户与组账户等对象时，勾选**防止意外删除**（如图11-7-1所示）。如果是新增组织单位的话，系统甚至默认就会自动勾选**防止意外删除**。除此之外，Windows Server 2016也支持**Active Directory回收站**（Active Directory Recycle Bin），它支持不需要进入**目录服务修复模式**，就可以快速恢复被删除的对象。

图 11-7-1

> **附注** 🖉
>
> 一旦启用**Active Directory回收站**后，就无法再禁用。林与域功能级别需要为Windows Server 2008 R2（含）以上的级别，才具备**Active Directory回收站**功能。

启用**Active Directory回收站**与恢复误删对象的演练步骤如下所示。

STEP **1**　打开**Active Directory管理中心** ➲ 如图11-7-2所示单击左方域名sayms ➲ 单击右侧的**启用回收站**。

图 11-7-2

STEP 2   如图11-7-3所示单击 确定 按钮。

图 11-7-3

STEP 3   在图11-7-4单击 确定 按钮后按 F5 键刷新界面。

图 11-7-4

附注 ✏

如果域内有多台域控制器或有多个域的话，则需要等设置值被复制到所有的域控制器后，**Active Directory回收站**的功能才会完全正常。

STEP 4   试着将某个组织单位（假设是**业务部**）删除，但是要先将防止删除的选项删除：如图11-7-5所示点选**业务部**、单击右侧的**属性**。

图 11-7-5

STEP **5** 取消勾选图11-7-6中选项后单击 确定 按钮➲选中组织单位**业务部**并右击➲**删除**➲单击
两次是（Y）按钮。

图 11-7-6

STEP **6** 接下来要通过回收站来恢复组织单位**业务部**：双击如图11-7-7所示的**Deleted Objects**
容器。

图 11-7-7

STEP **7**　在图11-7-8中选择要恢复的组织单位**业务部**后，单击右侧的**还原**来将其还原到原始位置。

> **附注** ✎
>
> 如果单击**还原到...**的话，则可以选择将其还原到其他位置。

图 11-7-8

STEP **8**　组织单位**业务部**还原完成后，接着继续在图11-7-9中选择原本位于组织单位**业务部**内的用户账户后单击**还原**。

图 11-7-9

STEP **9**　利用**Active Directory管理中心**来检查组织单位**业务部**与用户账户**王乔治**等账户是否已被还原，而且这些被还原的账户也会被复制到其他域控制器。

12

第 12 章　将资源发布到 AD DS

将资源发布（publish）到**Active Directory域服务**（AD DS）后，域用户就能够很方便地找到这些资源。可以被发布的资源包含用户账户、计算机账户、共享文件夹、共享打印机与网络服务等，其中有的是在建立对象时就会自动被发布，例如用户与计算机账户，而有的需要手动发布，例如共享文件夹。

⤵　将共享文件夹发布到AD DS
⤵　查找AD DS内的资源
⤵　将共享打印机发布到AD DS

12.1 将共享文件夹发布到AD DS

将共享文件夹发布到**Active Directory域服务**（AD DS）后，域用户便能够很容易地通过AD DS来查找、访问此共享文件夹。需要为Domain Admins或Enterprise Admins组内的用户，或被委派权限者，才可以执行发布共享文件夹的工作。

以下假设要将服务器DC1内的共享文件夹**C:\图库**，通过组织单位**业务部**来发布。请先利用**文件资源管理器**将此文件夹设置为共享文件夹，同时假设其共享名为**图库**。

12.1.1 利用Active Directory用户和计算机控制台

STEP **1**　单击左下角**开始**图标田⊃**Windows 管理工具**⊃**Active Directory用户和计算机**⊃如图12-1-1所示选中组织单位**业务部**并右击⊃**新建**⊃**共享文件夹**。

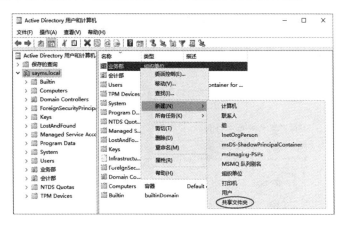

图 12-1-1

STEP **2**　在图12-1-2中的**名称**处为此共享文件夹设置名称，在**网络路径**处输入此共享文件夹所在的路径**\\dc1\图库**，单击确定按钮。

图 12-1-2

STEP **3**　在图12-1-3中双击刚才所建立的对象**图库**。

图 12-1-3

STEP **4**　单击图12-1-4中的 关键字 按钮。

图 12-1-4

STEP **5**　通过图12-1-5来将与此文件夹有关的关键字（例如**图标**、**网络图形**等）添加到此处，让用户可以通过关键字来查找此共享文件夹。完成后单击 确定 按钮。

图 12-1-5

12.1.2 利用计算机管理控制台

STEP **1** 请到共享文件夹所在的计算机（DC1）上【单击左下角**开始**图标⊞➲**Windows 管理工具**➲**计算机管理**】。

STEP **2** 如图12-1-6所示【展开**计算机管理**➲**共享文件夹**➲**共享**➲双击中间的共享文件夹**图库**】。

图 12-1-6

STEP **3** 如图12-1-7所示【单击 发布 选项卡➲勾选**将这个共享在Active Directory中发布**➲单击 确定 按钮】。也可通过图右下方 编辑 按钮来添加关键字。

图 12-1-7

12.2 查找AD DS内的资源

系统管理员或用户可以通过多种方法来查找发布在AD DS内的资源，例如他们可以通过网络或**Active Directory用户和计算机**控制台。

12.2.1 通过网络

以下分别说明如何在域成员计算机内，通过网络来查找AD DS内的共享文件夹。

1. Windows Vista（含）之后的 Windows 系统

以Windows 10、Windows 8.1为例：【打开**文件资源管理器**➲如图12-2-1所示先单击左下角**网络**➲再单击最上方的**网络**➲单击上方**搜索Active Directory**➲在**查找**处选择**共享文件夹**➲设置查找条件（例如图中利用**关键字**）➲单击开始查找按钮】。

图 12-2-1

如图12-2-2所示为查找到的共享文件夹，可以直接双击此文件夹来访问其中的文件，或通过选中此共享文件夹并右击的方式来管理、访问此共享文件夹。

图 12-2-2

如果是Windows 7客户端的话：【打开**文件资源管理器**⊃如图12-2-3所示单击左下角**网络**⊃单击上方**搜索Active Directory**⊃在**查找**处选择**共享文件夹**⊃……（以下与Windows 10客户端相同）】。

图 12-2-3

12.2.2　通过Active Directory用户和计算机控制台

一般来说，只有系统管理员才会使用**Active Directory用户和计算机**控制台。而这个控制台默认只存在于域控制器的【**开始**⊃**Windows管理工具**】内，其他成员计算机需另外安装或添加，其安装说明请参考2.8节。

想要通过**Active Directory用户和计算机**控制台来查找共享文件夹的话：【如图12-2-4所示选中域名sayms.local并右击⊃**查找**⊃在**查找**处选择**共享文件夹**⊃设置查找的条件（例如图中利用**关键字**）⊃单击开始查找按钮】。

图 12-2-4

12.3 将共享打印机发布到AD DS

将共享打印机发布到**Active Directory域服务**（AD DS）后，便可以让域用户很容易地通过AD DS来查找、使用这台打印机。

12.3.1 发布打印机

域内的Windows成员计算机，有的默认会自动将共享打印机发布到AD DS，有的默认却需要手动发布。首先请先参照以下的说明来找到打印机的设置窗口：

- **Windows Server 2016、Windows 10**：按⊞+R键⊃输入control后按 Enter 键⊃**硬件**⊃**设备和打印机**⊃选中共享打印机并右击⊃**打印机属性**。
- **Windows Server 2012 R2、Windows 8.1**：按⊞+X键⊃**控制面板**⊃**硬件和声音**⊃**设备和打印机**⊃选中共享打印机并右击⊃**打印机属性**。
- **Windows Server 2012、Windows 8**：按⊞+X键⊃**控制面板**⊃**硬件和声音**⊃**设备和打印机**⊃选中共享打印机并右击⊃**打印机属性**。
- Windows Server 2008 R2、Windows 7：**开始**⊃**设备和打印机**⊃选中共享打印机并右击⊃**打印机属性**。
- Windows Server 2008、Windows Vista：**开始**⊃**控制面板**⊃**打印机**⊃选中共享打印机并右击⊃**属性**。

接下来如图12-3-1所示（此为Windows Server 2016的界面）单击**共享**选项卡⊃勾选**列入目录**⊃单击 确定 按钮。

图 12-3-1

查看发布到 AD DS 的共享打印机

可以通过**Active Directory用户和计算机**来查看已被发布到AD DS的共享打印机，不过需先如图12-3-2所示【点选**查看**菜单➲**用户、联系人、组和计算机作为容器**】。

图 12-3-2

接着在**Active Directory用户和计算机**中选择拥有打印机的计算机后就可以看到被发布的打印机，如图12-3-3所示，图中的打印机对象名称是由计算机名称与打印机名称所组成，可以自行更改此名称。

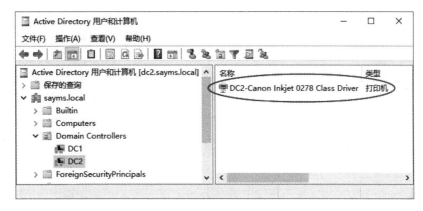

图 12-3-3

12.3.2 通过AD DS查找共享打印机

系统管理员或用户利用AD DS来查找打印机的方法，与查找共享文件夹的方法类似，请参考12.2节**查找AD DS内的资源**的说明。

12.3.3 利用打印机位置来查找打印机

如果AD DS内拥有多个站点，并且每个站点内都有许多已被发布到AD DS的共享打印机的话，则通过**打印机位置**可让用户来查找适合其使用的共享打印机。

1. 常规的打印机位置查找功能

如果为每一台打印机都设置**位置**的话，则用户可以通过**位置**来查找位于指定**位置**的打印机，例如图12-3-4中的打印机**位置**被设置为**第1栋大楼**，则用户可以如图12-3-5所示利用**位置**来查找位于**第1栋大楼**的打印机。

图 12-3-4

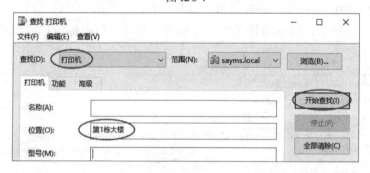

图 12-3-5

建议在打印机的**位置**处的文字采用类似**北京/第1栋大楼、北京/第2栋大楼**的格式，它让用户查找打印机更加方便、有弹性：

↘ 如果用户要查找位于**北京/第1栋大楼**内的打印机时，可以在**位置**处输入**北京/第1栋大楼**。

↘ 如果用户需要同时查找位于**北京/第1栋大楼**与**北京/第2栋大楼**的打印机时，他只需要在**位置**处输入**北京**即可，系统会同时查找位于**北京/第1栋大楼**与**北京/第2栋大楼**的打印机。

3. 高级的打印机位置查找功能

用户在利用前面图12-3-5中的**位置**字段来查找打印机时，必须自行输入**北京/第1栋大楼**这些文字，如果我们能够事先做适当设置的话，就可以让系统自动为用户在**位置**字段处填入**北京/第1栋大楼**，让用户更方便来查找合适的打印机。

要达到上述目的的话，必须为每一个AD DS站点设置**位置**，同时也为每一台打印机设置**位置**，以图12-3-6为例来说明。

图 12-3-6

- ⤷ 站点SiteA的**位置**被设置为**北京/第1栋大楼**，同时这个站点内的每一台打印机（Printer1与Printer2）的**位置**也被设置为**北京/第1栋大楼**。

- ⤷ 站点SiteB的**位置**被设置为**北京/第2栋大楼**，同时这个站点内的每一台打印机（Printer3与Printer4）的**位置**也都被设置为**北京/第2栋大楼**。

- ⤷ 由于站点SiteA内用户的计算机（IP地址192.168.8.3/24）是位于SiteA内，而SiteA的**位置**为**北京/第1栋大楼**，因此当这个用户在查找打印机时，系统便会自动在查找打印机的界面中的**位置**字段填入**北京/第1栋大楼**，不需要用户自行输入，让用户在查找打印机时更为方便。

以上功能被称为**打印机位置跟踪**（printer location tracking），而这个功能的设置分为以下四大步骤：

- ⤷ **利用组策略启用"打印机位置跟踪"功能**：可以针对整个域内的所有计算机或某个组织单位内的计算机来启用这个功能：【计算机配置⤸策略⤸管理模板⤸打印机⤸如图12-3-7所示启用**预设打印机搜索位置文本**】，图中是利用Default Domain Policy GPO来针对域内的所有计算机来设置。

图 12-3-7

- ⤷ **利用"Active Directory站点和服务"建立IP子网**：例如图12-3-8中建立了192.168.8.0与192.168.9.0两个IP子网，它们分别被归纳在SiteA与SiteB内。

图 12-3-8

> **设置每一个IP子网的位置**：如图12-3-9所示【单击192.168.8.0子网⮕单击上方的**属性**图标⮕点选**位置**选项卡⮕在**位置**处输入**北京/第1栋大楼**】。继续将第2个子网192.168.9.0的**位置**设置为**北京/第2栋大楼**。

图 12-3-9

> **设置每一台计算机上的打印机的位置**：【选中打印机并右击⮕**打印机属性**（以Windows Server 2016为例）⮕如图12-3-10所示在**位置**处输入其位置信息】，图中为SiteA内某一台打印机的**位置**。也可以单击**浏览**按钮来选择位置，不过第1个步骤中的组策略设置需要已应用到此计算机后，才会出现**浏览**按钮。

图 12-3-10

> **附注** 🖊
>
> 也可以通过Windows Server 2016的**打印管理**控制台来集中设置每一台打印机的**位置**，可以通过安装**文件和打印服务工具**功能的方式来拥有**打印管理**控制台。安装完成后，可通过【单击左下角**开始**图标⊞➱**Windows 管理工具**➱**打印管理**】来使用此控制台。

完成以上设置后，客户端用户在查找打印机时，系统就会自动为用户在**位置**处填入正确的位置字符串，如图12-3-11所示。

图 12-3-11

13

第 13 章　自动信任根 CA

在 PKI（Public Key Infrastructure，公钥基础结构）的架构下，企业可以通过向 CA（Certification Authority，证书颁发机构）所申请到的证书，来确保数据在网络上传送的安全性，然而用户的计算机需要信任发放证书的 CA。本章将介绍如何通过 AD DS 的组策略，来让域内的计算机自动信任指定的**根 CA**（root CA）。

- ↘ 自动信任 CA 的设置准则
- ↘ 自动信任内部的独立 CA
- ↘ 自动信任外部的 CA

13.1　自动信任CA的设置准则

可以通过AD DS组策略（group policy），来让域内所有计算机都自动信任指定的根CA，也就是自动将这些根CA的证书发送、安装到域内所有计算机。

- ⬊ 如果是企业根CA（enterprise root CA），则不需要另外设置组策略，因为AD DS会自动通过组策略将企业根CA的证书发送到域内所有计算机，也就是说域内所有计算机都会自动信任企业根CA。
- ⬊ 如果是安装在成员服务器上的独立根CA（stand-alone root CA），而且是由具备访问AD DS权限的域系统管理员所安装的，则也不需要另外设置组策略，因为AD DS会自动通过组策略将此独立根CA的证书发送到域内所有计算机。
- ⬊ 如果是安装在独立服务器的独立根CA、是安装在成员服务器上的独立根CA但执行安装工作的用户不具备访问AD DS的权限，则需要另外通过**受信任的根证书颁发机构策略**（trusted root certificate authority policy），来将此独立根CA的证书自动发送到域内所有计算机。
- ⬊ 如果不是搭建在公司内部的独立根CA，而是外界的独立根CA，则需要另外通过**企业信任策略**（enterprise trust policy），来将此独立根CA的证书自动发送到域内所有计算机。

> **附注** 🖊
>
> Windows计算机只要信任了根CA，它们默认就会自动信任根CA之下所有的二级CA（subordinate CA）。

我们将针对后面两种情况，说明如何利用**受信任的根证书颁发机构策略**与**企业信任策略**，来让域内的计算机自动信任我们所指定的独立根CA。

13.2　自动信任内部的独立CA

如果公司内部的独立根CA是利用Windows Server的**Active Directory 证书服务**所搭建的，而且是安装在独立服务器，或是安装在成员服务器但执行安装工作的用户不具备访问AD DS权限的话，则需要通过**受信任的根证书颁发机构策略**来将此独立根CA的证书，自动发送到域内的计算机，也就是让域内的计算机都自动信此独立根CA。我们将利用以下两大步骤来练习将名称为**Server1Standalone Root CA**的独立根CA的证书，自动发送到域内的所有计算机。

- ⬊ 下载独立根CA的证书并保存。

↘ 将独立根CA的证书导入到受信任的根证书颁发机构策略。

13.2.1 下载独立根CA的证书并保存

STEP **1** 请到域控制器或任何一台计算机上运行网页浏览器，并输入以下的URL路径：

> http://CA 的主机名、计算机名称或 IP 地址/certsrv

以下利用IP地址来举例，并假设CA的IP地址为192.168.8.31。

> **附注** 📝
>
> 如果是在Windows Server上执行Internet Explorer的话，可暂时先将其**IE增强的安全配置**（IE ESC）禁用，否则系统会阻挡连接CA网站：【打开**服务器管理器**➭单击**本地服务器**➭单击**IE增强的安全配置**➭…】。

STEP **2** 在图13-2-1中单击**下载CA证书、证书链或CRL**。

图 13-2-1

STEP **3** 在图13-2-2中单击**下载CA证书**或**下载CA证书链**。

图 13-2-2

STEP **4** 请通过接下来的界面将下载的CA证书保存到本地：

↘ 如果前一个步骤中选择**下载CA证书**，则会将其文件名设置为certnew.cer（包含证书）。

↘ 如果前一个步骤中选择**下载CA证书链**，则会将其文件名设置为certnew.p7b的文件（包含证书与证书路径）。

附注 ✏

如果计算机的**根证书存储区域**（root store）内已经有该CA的证书，也就是此计算机已经信任该CA的话，则可以利用另外一种方式来将CA的证书文件：【按⊞+ R 键◗输入control后按 Enter 键◗网络和**Internet**◗**Internet选项**◗选择**属性**选项卡◗单击 证书 按钮◗如图13-2-3所示选择**受信任的根证书颁发机构**选项卡◗选择CA的证书◗单击 导出 按钮 】。

图 13-2-3

13.2.2 将CA证书导入到受信任的根证书颁发机构

假设要让域内所有计算机都自动信任前述的独立根CA：**Server1Standalone Root CA**，而且要通过Default Domain Policy GPO来设置。

附注 ✏

如果仅是要让某个组织单位内的计算机来信任前述独立根CA的话，请通过该组织单位的GPO来设置。

STEP **1** 到域控制器上【单击左下角**开始**图标⊞◗Windows 管理工具◗**组策略管理**◗如图13-2-4所示展开到域sayms.local◗选中**Default Domain Policy** 并右击◗**编辑**】。

图 13-2-4

STEP 2 如图13-2-5所示【展开**计算机配置⇒策略⇒Windows设置⇒安全设置⇒公钥策略⇒选中
受信任的根证书颁发机构**并右击**⇒导入**】。

图 13-2-5

STEP 3 出现**欢迎使用证书导入向导**界面时单击 下一步 按钮。

STEP 4 在图13-2-6中选择之前下载的CA证书文件后单击 下一步 按钮，图中我们选择包含证书
与证书路径的.p7b文件。

图 13-2-6

STEP **5**   在图13-2-7中单击 下一步 按钮。

图 13-2-7

STEP **6**   出现**正在完成证书导入向导**界面时单击 完成 按钮。

STEP **7**   图13-2-8为完成后的界面。

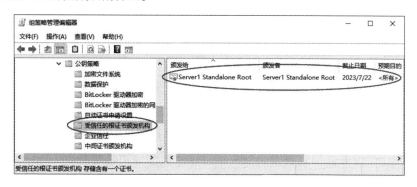

图 13-2-8

完成以上步骤后，域内所有计算机在应用这个策略后，它们就都会自动信任上述的独立根CA。也可以在每一台成员计算机上执行**gpupdate /force**命令来快速应用此策略，然后通过以下方法来检查这些计算机是否已经信任这台名称为**Server1Standalone Root CA**的独立根CA：【按⊞+R 键➲输入control后按 Enter 键➲**网络和Internet**➲**Internet选项**➲单击**属性**选项卡➲单击 证书 按钮➲如图13-2-9所示单击**受信任的根证书颁发机构**选项卡】，由图中可知此计算机（假设是Windows 10客户端）已经信任此独立根CA。

图 13-2-9

13.3 自动信任外部的CA

可以让域内所有计算机都自动信任位于外部的根CA，其方法是先建立**证书信任列表**（Certificate Trust List，CTL），然后通过**企业信任策略**来将**证书信任列表**内所有根CA的证书发送到域内所有计算机，让域内所有计算机都自动信任这些根CA。

虽然外部的根CA可以发放各种不同用途的证书，例如用来保护电子邮件的证书、服务器验证的证书等，可是有时候只希望信任此根CA所发放的证书只能够用在单一用途上，例如服务器验证，其他用途一概拒绝信任，这些设置也是一并通过**证书信任列表**来完成。

以下将建立一个**证书信任列表**来让域内所有计算机都自动信任名称为External Standalone Root CA的独立根CA，不过只信任其用在**服务器验证**的单一用途上。

首先需要取得此独立根CA的证书，然后因为**证书信任列表**必须经过签名，故还需要申请一个可以用来将**证书信任列表**签名的证书。我们将通过以下三大步骤来练习：

- ↘ 下载独立根CA的证书并保存。
- ↘ 申请可以将**证书信任列表**签名的证书。
- ↘ 建立**证书信任列表**（CTL）。

13.3.1 下载独立根CA的证书并保存

下载名称为External Standalone Root CA的独立根CA的证书并保存，假设其文件名为ExtCertnew.p7b：

- ↘ 如果这台独立根CA是利用Windows Server的**Active Directory证书服务**所搭建的，则其操作方法与13.2.1节相同，请前往参考。

↘ 如果这台根CA是利用其他软件所搭建的，则请参考该软件的文件来操作。

申请可以将证书信任列表签名的证书

由于**证书信任列表**需要经过签名，因此必须申请一个可以将**证书信任列表**签名的证书。假设要向名称为Sayms Enterprise Root CA的企业根CA申请此证书。

STEP **1** 请到域控制器上登录，然后暂时将浏览器的**本地Intranet**的安全级别降为**低**（否则CA网站需拥有SSL证书，并且向CA网站申请证书时需要采用https）：【单击左下角**开始**图标⊞ ➲ **控制面板** ➲ **网络和Internet** ➲ **Internet选项** ➲ 如图13-3-1单击**安全**选项卡 ➲ 单击**本地Intranet** ➲ 将安全等级别调整为**低**】。

图 13-3-1

STEP **2** 假设要向名称为Sayms Enterprise Root CA的企业根CA申请用来将**证书信任列表**签名的证书，因此请将此企业根CA网站加入到**本地Intranet**：【单击前面图13-3-1右侧 站点 按钮 ➲ 单击图13-3-2中的 高级 按钮 ➲ 在前景图中将http://192.168.8.1/加入此区域后单击 关闭 、单击两次 确定 按钮】，图中假设192.168.8.1是企业根CA的IP地址。

图 13-3-2

STEP **3** 在浏览器内输入网址http://192.168.8.1/certsrv/。

附注 ✏️

> 如果出现 Windows 安全界面的话，请输入**域系统管理员**的用户账户（sayms\administrator）与密码。

STEP 4 在图13-3-3中选择**申请证书、高级证书申请、创建并向此CA提交一个申请。**

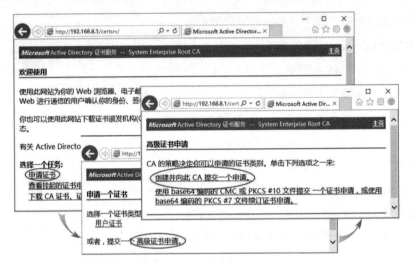

图 13-3-3

STEP 5 接下来的两个界面都单击是（Y）按钮。

STEP 6 在图13-3-4中的**证书模板**处选择**管理员**后单击 提交 按钮。

图 13-3-4

STEP 7 接下来的两个界面都单击是（Y）按钮。

STEP 8 在图13-3-5中单击**安装此证书**。

图 13-3-5

STEP **9**   将**本地Intranet**的安全级别恢复为原级别（默认为**中低**）。

13.3.2 建立证书信任列表（CTL）

以下所要建立的**证书信任列表**（CTL）内包含名称为**External Standalone Root CA**的外部独立根CA的证书，也就是要让域内所有计算机都自动信任此独立根CA，而我们将通过Default Domain Policy GPO来设置。

STEP **1**   到域控制器上【单击左下角**开始**图标⊞⊃**Windows 管理工具**⊃**组策略管理**⊃如图13-3-6所示展开到域**sayms.local**⊃选中**Default Domain Policy**并右击⊃**编辑**】。

图 13-3-6

STEP **2**   展开**计算机配置**⊃**策略**⊃**Windows设置**⊃**安全设置**⊃**公钥策略**⊃如图13-3-7所示选中**企业信任**并右击⊃**新建**⊃**证书信任列表**。

图 13-3-7

STEP **3**   出现**欢迎使用证书信任列表向导**界面时单击 下一步 按钮。

STEP **4**   在图13-3-8中勾选CTL的用途（**服务器身份验证**）后单击 下一步 按钮。

图 13-3-8

STEP **5**   在图13-3-9中点击**从文件添加**按钮。

图 13-3-9

STEP **6**   图13-3-10中选择外部独立根CA（External Standalone Root CA）的证书文件后，单击 打开 按钮。

图 13-3-10

STEP 7　回到图13-3-11的界面时单击 下一步 按钮。

图 13-3-11

STEP 8　在图13-3-12中【单击 从存储区选择 按钮➲选择我们在前面申请用来对CTL签名的证书➲单击 确定 按钮】。

图 13-3-12

STEP 9　接下来的两个界面都直接单击 下一步 按钮。

STEP 10　在图13-3-13中为此列表设置好记的名称与描述后单击 下一步 按钮。

图 13-3-13

STEP **11**　出现**正在完成证书信任列表向导**界面时单击 完成 按钮、单击 确定 按钮。

STEP **12**　图13-3-14为完成后的界面。

图 13-3-14

完成以上步骤后，域内所有计算机在应用这个策略，它们就都会自动信任上述的外部独立根CA。可以到每一台计算机上执行 **gpupdate /force** 命令来快速应用此策略，然后在这些计算机上通过自定义本地计算机的**证书**管理控制台来检查它们是否已经取得这个证书信任列表。如图13-3-15所示为已经成功取得此列表的界面。

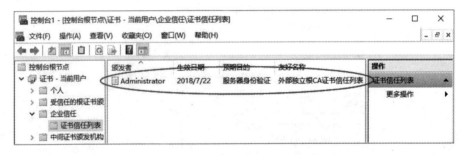

图 13-3-15

> **附注**
>
> 通过**证书信任列表**所信任的CA证书，并不会显示在用户计算机的**受信任的根证书颁发机构**存储区。

可以将此CTL导出保存，其方法为【选中此CTL并右击➲**所有任务**➲**导出**】，以后需要使用时可以再通过【选中**企业信任**并右击➲**导入**】的方法来将其导入。

附录 A AD DS 与防火墙

如果两台域控制器之间，或域控制器与成员计算机之间，被防火墙隔开的话，则如何让 AD DS数据库复制、用户身份验证、网络资源访问等行为穿越防火墙的阻隔，便成为系统管理员必须了解的重要课题。

- ⬎ AD DS相关的端口
- ⬎ 限制动态RPC端口的使用范围
- ⬎ IPSec与VPN端口

A.1　AD DS相关的端口

不同的网络服务会使用到不同的TCP或UDP端口（port），如果防火墙没有开放相关端口的话，将造成这些服务无法正常运行。我们先在表 A-1-1中列出AD DS （Active Directory域服务）一些相关的服务与其所占用的TCP/UDP端口号码，然后再说明这些服务的使用场合。

表A-1-1

服务	TCP端口	UDP端口
RPC Endpoint Mapper	135	
Kerberos	88	88
LDAP	389	389
LDAPS （LDAP over SSL）	636	636
LDAP GC （LDAP Global Catalog）	3268	
LDAPS GC （LDAP Global Catalog over SSL）	3269	
SMB （Microsoft CIFS）	445	
DNS	53	53
Network Time Protocol （NTP）		123
AD DS数据库复制、文件复制服务（FRS）、分布式文件系统（DFS）等服务	使用动态端口：需要限制端口范围或更改为静态端口	
NetBIOS Name Service		137
NetBIOS Datagram Service		138
NetBIOS Session Service	139	

附注

如果为了降低开放端口的复杂性、确保所有与AD DS有关的工作都能够正常运行的话，可以将以下所提到的端口全部开放。

A.1.1　将客户端计算机加入域、用户登录时会用到的端口

将客户端计算机加入域、用户登录时会用到以下的服务，因此如果客户端计算机与域控制器之间被防火墙隔开的话，请在防火墙开放以下的端口：

- ↘ Microsoft CIFS：445/TCP
- ↘ Kerberos：88/TCP、88/UDP
- ↘ DNS：53/TCP、53/UDP
- ↘ LDAP：389/TCP、389/UDP

↘ Netlogon 服务：NetBIOS Name Service（137/UDP）/NetBIOS Datagram Service（138/UDP）/NetBIOS Session Service（139/TCP）与SMB（445/ TCP）。

A.1.2　计算机登录时会用到的端口

计算机登录到域控制器时会用到以下的服务，因此如果域成员计算机与域控制器之间是被防火墙隔开的话，请在防火墙开放以下的端口：

↘ Microsoft CIFS：445/TCP

↘ Kerberos：88/TCP、88/UDP

↘ LDAP：389/UDP

↘ DNS：53/TCP、53/UDP

A.1.3　建立域信任时会用到的端口

位于不同林的域之间在建立快捷方式信任、外部信任等**显性的信任**（explicit trust）关系时，会用到以下的服务，因此如果这两个域的域控制器之间是被防火墙隔开的话，请在防火墙开放以下的端口：

↘ Microsoft CIFS：445/TCP

↘ Kerberos：88/TCP、88/UDP

↘ LDAP：389/TCP、389/UDP

↘ LDAPS：636/TCP（如果使用SSL的话）

↘ DNS：53/TCP、53/UDP

A.1.4　验证域信任时会用到的端口

不同域的域控制器之间在验证信任关系时会用到以下的服务，因此如果这些域控制器之间是被防火墙隔开的话，请在防火墙开放以下的端口：

↘ Microsoft CIFS：445/TCP

↘ Kerberos：88/TCP、88/UDP

↘ LDAP：389/TCP、389/UDP

↘ LDAPS：636/TCP（如果使用SSL的话）

↘ DNS：53/TCP、53/UDP

↘ Netlogon 服务：NetBIOS Name Service（137/UDP）/NetBIOS Datagram Service（138/UDP）/NetBIOS Session Service（139/TCP）与SMB（445/ TCP）。

A.1.5　访问文件资源时会用到的端口

访问文件资源时所使用的服务为SMB（445/TCP）或NetBIOS Name Service（137/UDP）/NetBIOS Datagram Service（138/UDP）/NetBIOS Session Service（139/TCP），因此如果用户的计算机与资源所在的计算机是被防火墙隔开的话，请在防火墙开放这些服务的端口。

A.1.6　执行DNS查询时会用到的端口

如果要通过防火墙来向DNS服务器提出查询请求的话，例如查询域控制器的IP地址，就需要开放DNS服务的端口：53/TCP与53/UDP。

A.1.7　执行AD DS数据库复制时会用到的端口

两台域控制器之间在进行AD DS数据库复制时会用到以下服务，因此如果这两台域控制器之间被防火墙隔开的话，请在防火墙开放以下端口：

> ↘ **AD DS数据库复制**
>
> 它不是使用静态RPC（Remote Procedure Call）端口，而是使用动态RPC端口（其范围为 49152～65535之间），此时我们要如何来开放端口呢？还好动态RPC端口可以被限制在一段较小的范围内（参见**限制所有服务的动态RPC端口范围**的说明），因此我们只要在防火墙开放这一小段范围的TCP端口即可。
>
> 也可以自行指定一个静态的端口，参见**限制AD DS数据库复制使用指定的静态端口**的说明。

> ↘ **RPC Endpoint Mapper：135/TCP**
>
> 使用动态RPC端口时，需要搭配RPC Endpoint Mapper服务，因此请在防火墙开放此服务的端口。

> ↘ **Kerberos：88/TCP、88/UDP**

> ↘ **LDAP：389/TCP、389/UDP**

> ↘ **LDAPS：636/TCP**（如果使用SSL的话）

> ↘ **DNS：53/TCP、53/UDP**

> ↘ **Microsoft CIFS：445/TCP**

A.1.8　文件复制服务（FRS）会用到的端口

如果域功能级别是Windows Server 2008以下的话，则同一个域的域控制器之间在复制SYSVOL文件夹时，会使用FRS（File Replication Service）。FRS也是采用动态RPC端口，因此如果将动态RPC端口限制在一段较小范围内的话（参见**限制所有服务的动态RPC端口范围**

的说明），则我们只要在防火墙开放这段范围的TCP端口即可。但是使用动态RPC端口时，需要搭配RPC Endpoint Mapper服务，因此请在防火墙开放RPC Endpoint Mapper：135/TCP。

也可以自行指定一个静态的端口，参见**限制FRS使用指定的静态端口**的说明。

A.1.9 分布式文件系统（DFS）会用到的端口

如果域功能级别为Windows Server 2008（含）以上的话，则Windows Server 2008 （含）以上的域控制器之间在复制SYSVOL文件夹时需利用**DFS复制服务**（DFS Replication Service），如果这些域控制器之间是被防火墙隔开的话，请在防火墙开放以下的端口：

- ⬎ LDAP：389/TCP、389/UDP
- ⬎ Microsoft CIFS：445/TCP
- ⬎ NetBIOS Datagram Service：138/UDP
- ⬎ NetBIOS Session Service：139/TCP
- ⬎ Distributed File System（DFS）

  DFS也是采用动态RPC端口，如果将动态RPC端口限制在一段较小范围内的话（参见**限制所有服务的动态RPC端口范围**的说明），则只要在防火墙开放这段范围的TCP端口即可。

  也可以自行指定一个静态的端口，参见**限制DFS使用指定的静态端口**的说明。
- ⬎ RPC Endpoint Mapper：135/TCP

  使用动态RPC端口时，需要搭配RPC Endpoint Mapper服务，因此请在防火墙开放此服务的端口。

A.1.10 其他可能需要开放的端口

- ⬎ LDAP GC 、LDAPSGC：3268/TCP、3269/TCP（如果使用SSL的话）

  假设用户登录时，负责验证用户身份的域控制器需要通过防火墙来向**全局编录服务器**查询用户所隶属的通用组数据时，就需要在防火墙开放端口3268或3269。

  又例如Microsoft Exchange Server需要访问位于防火墙另外一端的**全局编录服务器**的话，您也需要开放端口3268或3269。
- ⬎ Network Time Protocol（NTP）:123/UDP

  它负责时间的同步，参见第10章关于**PDC模拟器操作主机**的说明。
- ⬎ NetBIOS的相关服务：137/UDP、138/UDP、139/TCP

  开放这些端口，以便通过防火墙来使用NetBIOS服务，例如支持旧客户端来登录、浏览网上邻居等。

A.2   限制动态RPC端口的使用范围

动态RPC端口是如何工作的呢？以Microsoft Office Outlook（MAPI客户端）与Microsoft Exchange Server之间的通信为例来说：客户端Outlook先连接Exchange Server的RPC Endpoint Mapper（RPC Locator Services，TCP 端口135）、RPC Endpoint Mapper再将Exchange Server所使用的端口（动态范围在49152~65535之间）通知客户端、客户端Outlook再通过此端口来连接Exchange Server。

AD DS数据库的复制、Outlook与Exchange Server之间的通信、文件复制服务（File Replication Service，FRS）、分布式文件系统（Distributed File System，DFS）等默认都是使用动态RPC端口，也就是没有固定的端口，这将造成在防火墙配置上的问题，还好动态RPC端口可以被限制在一段较小的范围内，因此只要在防火墙开放这段范围的端口即可。

A.2.1   限制所有服务的动态RPC端口范围

以下说明如何将计算机所使用的动态RPC端口限制在指定的范围内。假设不论是使用IPv4或IPv6，都要将其限制在从8000起开始，总共1000个端口号（端口号码最大为65535）。

打开Windows PowerShell窗口（或**命令提示符**）、执行以下命令（参见图A-2-1）：

```
netsh int ipv4 set dynamicport tcp start = 8000 num = 1000
netsh int ipv4 set dynamicport udp start = 8000 num = 1000
netsh int ipv6 set dynamicport tcp start = 8000 num = 1000
netsh int ipv6 set dynamicport udp start = 8000 num = 1000
```

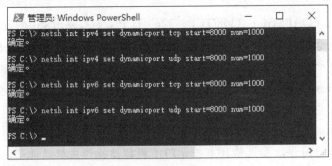

图 A-2-1

如果要检查当前动态RPC端口范围的话，请执行以下命令：

```
netsh int ipv4 show dynamicport tcp
netsh int ipv4 show dynamicport udp
netsh int ipv6 show dynamicport tcp
```

```
netsh int ipv6 show dynamicport udp
```

如图A-2-2所示为显示ipv4、tcp通信协议的动态RPC端口范围。

图 A-2-2

如果是修改域控制器的上述键值的话，请随便找一台域成员计算机来与这台域控制器通信，然后在这台域控制器上打开Windows PowerShell窗口、执行**netstat–n**命令来查看此域控制器当前所使用的端口，此时应该可以看到某些服务所使用的端口是在我们所设置的从8000开始，如图A-2-3所示（包含IPv4与IPv6）。

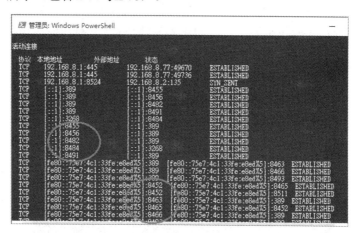

图 A-2-3

A.2.2 限制AD DS数据库复制使用指定的静态端口

域控制器执行AD DS数据库复制工作时，默认是使用动态RPC端口，但是我们也可以自行指定一个静态的端口。请到域控制器上执行注册表编辑器REGEDIT.EXE，然后通过以下路径来设置：

```
HKEY_LOCAL_MACHINE\SYSTEM\CurrentControlSet\Services\NTDS\Parameters
```

在上述路径之下新建一个如表A-2-1所示的数值，图A-2-4为完成后的界面，图中我们将端口号码设置为56789（十进制），注意此端口不能与其他服务所使用的端口相同。

表A-2-1

数值名称	数据类型	数值
TCP/IP Port	REG_DWORD （DWORD（32-位）值）	自定义，例如56789

图 A-2-4

完成后重新启动，以后这台域控制器在执行AD DS数据库复制时所使用到的端口将会是56789（包含IPv4与IPv6）。可以先利用**Active Directory站点和服务**来手动与其他域控制器之间执行AD DS数据库复制的工作，然后在这台域控制器上打开Windows PowerShell窗口、执行**netstat–n**命令来查看其所使用的端口。如图A-2-5所示可看到它使用到我们所指定的端口56789（图中为IPv4，往下翻还可看到IPv6）。

图 A-2-5

A.2.3 限制FRS使用指定的静态端口

如果域功能级别是Windows Server 2008以下的话，则同一个域的域控制器之间在复制SYSVOL文件夹时，会使用FRS（File Replication Service）。FRS默认也是采用动态RPC端口，但是我们也可以自行指定一个静态的端口。请到域控制器上执行注册表编辑器

REGEDIT.EXE，然后通过以下路径来设置：

```
HKEY_LOCAL_MACHINE\SYSTEM\CurrentControlSet\Services\NTFRS\Parameters
```

请在上述路径之下新建一个如表A-2-2所示的数值，表中我们将端口号码设置为45678（十进制），注意此端口不能与其他服务所使用的端口相同。完成后重新启动。以后这台域控制器的FRS服务所使用的端口将会是45678。

表A-2-2

数值名称	数据类型	数值
RPC TCP/IP Port Assignment	REG_DWORD	自定义，例如45678

A.2.4 限制DFS使用指定的静态端口

如果域功能级别为Windows Server 2008（含）以上的话，则Windows Server 2008 （含）以上的域控制器之间在复制SYSVOL文件夹时需要利用**DFS复制服务**，而它也是采用动态RPC端口，但是我们可以将其固定到一个静态的端口。请到域控制器上打开Windows PowerShell窗口，然后执行以下命令（如图A-2-6所示，图中假设将端口固定到34567）：

```
DFSRDIAGStaticRPC  /Port:34567
```

注意此端口不能与其他服务所使用的端口相同。如果无法执行此程序的话，请先安装**DFS管理工具**（通过**服务器管理器**➲添加角色和功能➲在**选择功能**界面展开**远程服务器管理工具**➲**角色管理工具**➲**文件服务工具**➲......）。完成后，重新启动这台域控制器，以后其**DFS复制服务**所使用的端口将会是34567。

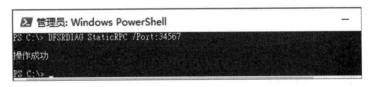

图 A-2-6

可以先利用**Active Directory站点和服务**来手动与其他域控制器之间执行AD DS复制工作（它也会复制SYSVOL文件夹），然后在这台域控制器上打开Windows PowerShell窗口、执行**netstat–n**命令来查看其所使用的端口。如图A-2-7所示可看到它使用到我们所指定的连接34567。

图 A-2-7

也可以在**WindowsPowerSehell**窗口下，执行以下命令来达到相同目的（如图A-2-8所示，图中假设将端口固定到34567）：

```
Set-DfsrServiceConfiguration -RPCPort 34567
```

完成后重新启动此域控制器，以后其**DFS复制服务**所使用的端口将会是34567。

图 A-2-8

A.3　IPSec与VPN端口

如果域控制器之间，或域控制器与成员计算机之间，不但被防火墙隔开，而且所传输的数据还经过IPSec的处理，或经过PPTP、L2TP等VPN安全传输通道来传送的话，则还有一些通信协议或端口需要在防火墙开放。

A.3.1　IPSec所使用的通信协议与端口

IPSec除了用到UDP通信协议外，还会用到ESP与AH通信协议，因此我们需要在防火墙开放相关的UDP端口与ESP、AH通信协议：

- ⬊ Encapsulation Security Payload（ESP）：通信协议号为50
- ⬊ Authentication Header（AH）：通信协议号为51
- ⬊ Internet Key Exchange（IKE）：所使用的是UDP端口号500

A.3.2　PPTP VPN所使用的通信协议与端口

除了TCP通信协议外，PPTP VPN还会使用到GRE通信协议：

- ⬊ General Routing Encapsulation（GRE）：通信协议号为47
- ⬊ PPTP：所使用的是TCP端口号1723

A.3.3　L2TP/IPSec所使用的通信协议与端口

除了UDP通信协议外，L2TP/IPSec还会用到ESP通信协议：

- ⬊ Encapsulation Security Payload（ESP）：通信协议号为50
- ⬊ Internet Key Exchange（IKE）：所使用的是UDP端口号500
- ⬊ NAT-T：所使用的是UDP端口号码4500，它让IPSec可以穿越NAT

附注 🖉

虽然L2TP/IPSec还会使用到UDP端口1701，但它是被封装在IPSec数据包内，因此不需要在防火墙开放此端口。

附录 B　Server Core 与 Nano 服务器

在安装Windows Server 2016时，可以选择一个小型化的Windows Server 2016（可被称为 **Server Core安装**），它可以降低系统维护与管理需求、减少硬盘占用量、减少被攻击面。以下将采用这种安装方式的Windows Server 2016称为**Server Core服务器**。

而**Nano服务器**是一个需要通过远程来管理的服务器操作系统，类似于 Server Core，但明显更小型化、只支持 64 位应用程序与工具、没有本地登录功能。

- ↘ Server Core服务器概述
- ↘ Server Core服务器的基本设置
- ↘ 在Server Core服务器内安装角色与功能
- ↘ 远程管理Server Core服务器
- ↘ 在虚拟机内运行的Nano服务器
- ↘ 在物理机内运行的Nano服务器

B.1　Server Core服务器概述

在安装Windows Server 2016时，如果是在图B-1-1选择Windows Server 2016 Standard或Windows Server 2016 Datacenter的话，就是ServerCore安装。

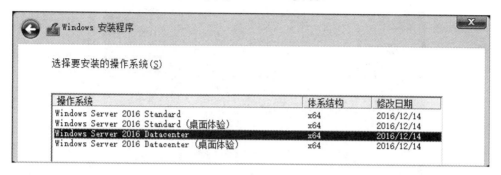

图 B-1-1

Server Core服务器提供一个小型化的运行环境，它可以降低系统维护与管理需求、减少硬盘的使用量、减少被攻击面。Windows Server 2016Server Core服务器支持以下服务器角色：

- Active Directory证书服务（AD CS）
- Active Directory域服务（AD DS）
- Active Directory轻型目录访问服务（AD LDS）
- Active Directory Rights Management Services（ADRMS）
- DHCP服务器
- DNS服务器
- 文件服务器
- Hyper-V
- IISWeb服务器（包含支持ASP .NET子集）
- 打印和文件服务
- Routing and Remote Access Services（RRAS）
- 流媒体服务
- Windows Server Update Services（WSUS）

Server Core服务器并不提供Windows图形接口（GUI），因此在登录**Server Core服务器**后的管理接口为**命令提示符**（command prompt，如图B-1-2所示），可以在此环境下利用命令来管理**Server Core服务器**或通过另外一台Windows Server 2016 桌面体验服务（GUI模式）来远程管理此**Server Core服务器**。

> **注意**
>
> 如果不小心将**命令提示符**窗口关闭的话，可利用【按 Ctrl + Alt + Del 键⟳注销⟳再重新登录】或【按 Ctrl + Alt + Del 键⟳启动**任务管理器**⟳更多详细信息⟳单击**文件**菜单⟳**运行新任务**⟳输入**cmd.exe**⟳单击**确定**按钮】的方法来重启此窗口。

图 B-1-2

也可以在 Windows PowerSehll 环境下管理**Server Core服务器**。可以在**命令提示符**下执行 PowerShell.exe 程序来启动 Windows PowerSehll 窗口，之后如果要离开 Windows PowerSehll 窗口的话，可以利用 exit 命令。还可以通过容易使用的 Sconfig.cmd 程序来设置**Server Core服务器**。

> **附注**
>
> Windows Server 2016不支持在 Server Core 与桌面体验服务器（GUI图形接口）之间进行转换，也就是Server Core无法转换为桌面体验服务器，反之亦然。如果在安装 Server Core之后，决定要改为桌面体验服务器的话，应该执行全新安装，反之亦然。

B.2 Server Core服务器的基本设置

以下说明如何来更改**Server Core服务器**的计算机名称、IP地址、DNS服务器的IP地址、启用**Server Core服务器**与加入域等基本设置。

B.2.1 更改计算机名称

可以先利用 hostname 或 ipconfig /all 命令来查看这台服务器当前的计算机名称（主机名）。假设当前的计算机名称为ServerCoreBase，同时假设我们要将其更改为ServerCore1，则请通过以下命令来执行计算机名称的更改工作：

```
netdom renamecomputer ServerCoreBase /NewName:ServerCore1
```

接下来通过以下命令来重新启动计算机，以便让此更改生效：

```
shutdown /r /t 0
```

也可以利用Sconfig程序来更改计算机名称：执行Sconfig，然后在图B-2-1中选择**2）计算机名**后按 Enter 键。

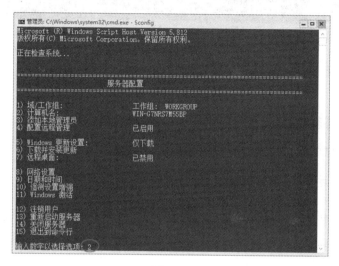

图 B-2-1

B.2.2 更改IP地址

此计算机的IP地址等设置默认是动态获取的，而假设我们要将其更改为以下的配置：IP地址为192.168.8.41、子网掩码为255.255.255.0、默认网关为192.168.8.254、首选DNS服务器的IP地址为192.168.8.1。

STEP **1** 在**命令提示符**下，执行以下命令：

```
netsh interface ipv4 show interfaces
```

STEP **2** 找出网卡（以太网络）的idx编号，如图B-2-2所示的idx编号为3。

图 B-2-2

STEP **3**　在**命令提示符**下，执行以下命令来设置IP地址（如图B-2-3所示）：

```
netsh interface ipv4 set address name="3" source=staticaddress=192.168.8.41
mask=255.255.255.0  gateway=192.168.8.254
```

其中的"3"为idx代号。

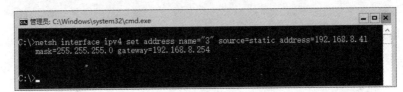

图 B-2-3

> **附注**
>
> 如果要改回动态获取IP设置的话，可执行以下命令：
> ```
> netsh  interface  ipv4  set  address  name="3"  source=dhcp
> ```

STEP **4**　在**命令提示符**下，执行以下命令来指定DNS服务器（如图B-2-4所示）：

```
netsh  interface  ipv4  add  dnsserver  name="3" address=192.168.8.1index=1
```

其中**index=1**表示要设置第1台DNS服务器（首选DNS服务器）。

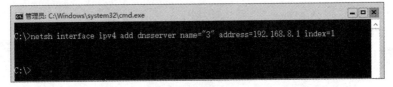

图 B-2-4

> **附注**
>
> 如果要删除DNS服务器IP地址的话，请执行以下命令：
> ```
> netsh  interface ipv4 delete dnsserver  name="3"  address=192.168.8.1
> ```

STEP **5**　有需要的话，可以重复 STEP **4** 的操作，以便设置多台DNS服务器，不过index数值需依序增加。

STEP **6**　利用ipconfig /all命令来查看上述设置是否正确。

　　也可以利用Sconfig程序来更改IP地址等网络设置：执行Sconfig，然后在图B-2-5选择**8网络设置**后按Enter键。

图 B-2-5

B.2.3 启用Server Core服务器

可通过以下步骤来启用**Server Core服务器**。请先执行以下命令来输入产品密钥：

```
slmgr.vbs -ipk<25 个字符的密钥字符串>
```

完成后，再执行以下的命令来启用**Server Core服务器**：

```
slmgr.vbs  -ato
```

屏幕上并不会显示启用成功的消息，但是会显示失败信息。

也可以到一台Windows计算机上打开**命令提示符**窗口，然后通过以下命令来启用这台
Server Core服务器：

```
cscript  \Windows\System32\slmgr.vbs ServerCore1   <用户名称><密码>  -ato
```

其中假设**Server Core服务器**的计算机名称为ServerCore1（或输入IP地址），而**<用户名>**
请输入系统管理员账户Administrator、**<密码>**为其密码。

B.2.4 加入域

假设此**Server Core服务器**的计算机名称为ServerCore1，而且我们要利用域Administrator
的身份（假设其密码为111aaAA）来将其加入AD DS域sayms.local。请执行以下命令：

```
netdom join ServerCore1 /domain:sayms.local /userD:administrator /passwordD:111aaAA
```

如果担心输入密码时被旁人窥看的话，可改为执行如下命令：

```
netdom join ServerCore1 /domain:sayms.local /userD:administrator /passwordD:*
```

之后根据界面上的要求来输入密码，此时密码不会显示在屏幕上。

接下来通过以下命令来重新启动计算机，以便让此更改生效：

```
shutdown /r /t 0
```

也可以通过执行Sconfig命令来将此计算机加入域：【如图B-2-6所示选择**1域/工作组**后按 Enter 键⊃输入**D**键后按 Enter 键⊃输入域名sayms.local后按 Enter 键⊃输入域系统管理员账户 Administrator后按 Enter 键⊃输入此账户的密码后按 Enter 键⊃……】。

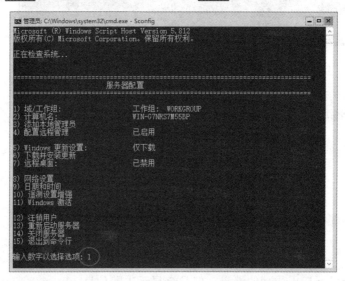

图 B-2-6

如果要利用域用户账户来登录的话【在登录界面按两次 Esc 键⊃选择**其他用户**⊃……】，注意若是Hyper-V虚拟机的话，请在Hyper-V管理员内选择**查看**菜单、取消勾选**增强的会话**，这样按 Esc 键才会正常。

B.2.5 将域用户加入本地Administrators组

可以将域用户账户加入到本地管理员组Administrators，例如如果要将域sayms.local用户 peter加入到本地Administrators组的话，请执行：

```
net localgroup administrators /add sayms.local\peter
```

也可以通过执行Sconfig来将上述域用户Peter加入此计算机的本机Administrators组：【在前面的图B-2-6中选择**3 添加本地管理员**后按 Enter 键⊃输入用户账户sayms.local\Peter键后按

Enter键】。

B.2.6　更改日期与时间

如果要更改日期、时间与时区的话，请执行以下命令：

```
control timedate.cpl
```

也可以通过执行Sconfig命令来更改日期与时间：【在前面的图B-2-6中选择**9日期和时间**后按Enter键↪……】。

如果要查看系统的版本信息的话，请执行以下命令：

```
systeminfo.exe
```

如果要查看系统信息（软、硬件等信息）的话，请执行以下命令：

```
msinfo32.exe
```

B.3　在Server Core服务器内安装角色与功能

完成Server Core的基本配置后，接着可以安装服务器角色（server role）与功能（feature），在Server Core内仅支持部分的服务器角色（见B.1节）。

B.3.1　查看所有角色与功能的状态

可以先利用以下的**Dism.exe**命令来查看这台**Server Core**内可以被安装的服务器角色与功能、查看当前已经安装的角色与功能，如图B-3-1所示。

```
dism /online /get-features /format:table
```

可以利用以下命令将上述信息保存为文件（假设文件名是t1.txt），然后通过此文件来仔细查看上述信息：

```
dism /online /get-features /format:table>  t1.txt
```

如果要使用PowerShell命令的话，请先执行PowerShell.exe进入Windows PowerShell窗口，然后执行**Get-WindowsFeature**命令来查看角色或功能的名称，最后再执行**Install-WindowsFeature<角色或功能名称>**命令来安装。如果要同时安装多个角色或功能的话，请在这些角色或功能名称之间用逗号隔开。如果要删除角色或功能的话，请改用**Uninstall-WindowsFeature**命令。

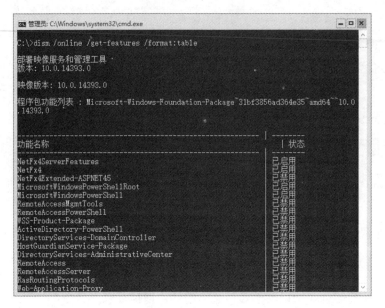

图 B-3-1

B.3.2　DNS服务器角色

请执行以下命令来安装DNS服务器角色：

```
dism /online /enable-feature /featurename:DNS-Server-Full-Role
```

之后如果要删除DNS服务器角色的话，请执行以下命令：

```
dism /online /disable-feature /featurename:DNS-Server-Full-Role
```

> **附注** 📝
>
> 1. 其他角色的删除方法也是利用**disable-feature**参数。
> 2. Windows Server 2008 Server Core是利用**ocsetup.exe**来安装角色与功能，例如安装DNS服务器的命令如下所示：
>
> ```
> start /w ocsetup DNS-Server-Core-Role
> ```
>
> 如果要删除此角色的话，请在后面增加**/uninstall**参数。

如果要在Windows PowerShell窗口内使用PowerShell命令来完成以上工作的话：

```
Install-WindowsFeature DNS -IncludeManagementTools
UnInstall-WindowsFeature DNS -IncludeManagementTools
```

如果要手动来启动或停止DNS服务器的话，可使用net startdns、net stop dns。

可以在安装完成后，利用**dnscmd**命令或在其他计算机通过DNS MMC主控制面板来管理此台DNS服务器。例如若要建立一个saycore.local的主要正向查找区域：

```
dnscmd localhost /ZoneAdd saycore.local /Primary /file saycore.local.dns
```

如果要在DNS区域saycore.local内添加记录的话，可以使用以下命令，命令中假设要新建A资源记录、DNS服务器的名称为ServerCoreBase1、新建的主机名为Win10PC5、IP地址为192.168.10.5：

```
dnscmd ServerCoreBase1  /recordadd saycore.local Win10PC5 A 192.168.10.5
```

如果要在Windows PowerShell窗口内使用PowerShell命令来完成以上工作的话：

```
Add-DnsServerPrimaryZone -Name "saycore.local" -ZoneFile "saycore.local.dns"
Add-DnsServerResourceRecordA -Name "Win10PC5" -ZoneName "saycore.local" -
IPv4Address "192.168.8.5"
```

B.3.3 DHCP服务器角色

请执行以下命令来安装DHCP服务器角色：

```
dism /online /enable-feature /featurename:DHCPServer
```

如果要使用Windows Powershell命令的话，请使用以下命令：

```
Install-WindowsFeature  DHCP  -IncludeManagementTools
```

可以在安装完成后，利用**netsh**命令或在其他计算机通过DHCP MMC主控制面板来管理此台服务器。

如果是搭建在AD DS域环境中的话，则还需要经过授权的程序。可以利用以下命令来授权(假设此计算机的IP地址为192.168.8.41，并且已经加入sayms.local域。请利用域sayms.local的系统管理员登录，才有权限执行授权工作)：

```
netsh dhcp add server ServerCore1.sayms.local 192.168.8.41
```

完成后可以利用以下命令来检查：

```
netsh dhcp show server
```

如果要解除授权的话，可以利用以下命令：

```
netsh dhcpdelete  server ServerCore1.sayms.local 192.168.8.41
```

如果要在Windows PowerShell窗口内使用PowerShell命令来完成以上工作的话:

```
Add-DhcpServerInDC  -DNSName  ServerCore1.sayms.local
Get-DhcpServerInDC
Remove-DhcpServerInDC  -DNSName  ServerCore1.sayms.local
```

如果要手动来启动或停止DNS服务器的话,可使用net start dhcpserver、net stop dhcpserver。

如果要更改DHCP服务器的启动状态的话,例如要将其设置为自动启动的话(这是默认值),请通过以下命令:

```
sc config dhcpserver start=auto
```

其中的**auto**(自动)也可以改为**demand**(手动)、**disabled**(禁用)或**delayed-auto**(自动(延迟启动))。

B.3.4　文件服务角色

↘ 安装文件服务器(文件服务角色)

```
Dism /online /enable-feature /featurename:File-Services
```

↘ 安装**文件复制服务**(File Replication Service,FRS)

```
Dism /online /enable-feature /featurename:FRS-Infrastructure
```

↘ 安装**分布式文件系统服务**(Distributed File System,DFS)

```
Dism /online /enable-feature /featurename:DFSN-Server
```

也就是安装DNS Namespace(DNS名称空间)服务。

↘ 安装**分布式文件系统复制服务**(DFS Replication Service)

```
Dism /online /enable-feature /featurename:DFSR-Infrastructure-ServerEdition
```

↘ 安装Server for NFS

```
Dism /online /enable-feature  /all  /featurename:ServerForNFS-Infrastructure
```

其中的**/all**表示将所需的其他组件一起安装,若未加**/all**参数的话,则需先执行以下命令:

```
Dism /online /enable-feature /featurename:ServicesForNFS-ServerAndClient
```

B.3.5　Hyper-V角色

请执行以下命令来安装Hyper-V角色:

```
Dism /online /enable-feature /featurename:Microsoft-Hyper-V
```

安装完成后，请在其他计算机利用Hyper-V管理工具来管理，例如在Windows Server 2016
GUI模式内使用**Hyper-V管理员**控制台，可以通过安装**Hyper-V管理工具**这个角色管理工具来
拥有**Hyper-V管理员**控制台。

B.3.6　打印服务角色

请执行以下命令来安装与打印服务角色有关的服务：

↘　安装**打印服务器**角色服务

```
Dism/online /enable-feature/all  /featurename:Printing-Server-Role
```

其中的**/all**表示将所需的其他组件一起安装，如果未加**/all**参数的话，则需先执行以
下命令：

```
Dism  /online  /enable-feature  /featurename:Printing-Server-Foundation-
Features
```

↘　安装Line Printer Daemon（LPD）服务

```
Dism /online /enable-feature /featurename:Printing-LPDPrintService
```

如果要在这台打印服务器上新建打印机的话，请到另外一台Windows计算机上利用**打印
管理**（Print Management）控制台配置。

B.3.7　Active Directory证书服务（AD CS）角色

请执行以下命令来安装AD CS角色：

```
Dism /online /enable-feature /featurename:CertificateServices
```

B.3.8　Active Directory域服务（AD DS）角色

请执行以下命令来安装**Active Directory域服务**（AD DS）与域控制器：

```
Dism /online /enable-feature /all /featurename:DirectoryServices-DomainController
```

其中的**/all**表示将安装域控制器所需的其他组件都一起安装。

B.3.9　Web服务器（IIS）角色

如果要采用默认安装选项来安装**Web服务器（IIS）**的话，请执行以下命令：

```
Dism /online /enable-feature /all /featurename:IIS-WebServer
```

其中的**/all**表示将所需的其他组件一并安装，如果未加**/all**参数的话，则需要先执行以下命令：

```
Dism /online /enable-feature /featurename:IIS-WebServerRole
```

如果要安装其他功能的话，例如安装**基本身份验证**的话，请执行以下命令：

```
Dism /online /enable-feature /featurename:IIS-BasicAuthentication
```

其中**基本身份验证**的名称为**IIS-BasicAuthentication**，若要查看其他功能的名称的话，可参考利用以下命令所建立的t1.txt来查看。

```
dism  /online  /get-features  /format:table  >  t1.txt
```

B.4　远程管理Server Core服务器

可以在其他计算机（在此将其称为源计算机）通过服务器管理员、MMC管理控制台或远程桌面来远程管理Windows Server 2016 Server Core服务器：

> **附注** 🖉
>
> 还可以通过scregedit.wsf脚本文件来执行其他管理工作，此脚本文件的使用方法可通过以下命令来查询：cscript C:\Windows\System32\scregedit.wsf /?

B.4.1　通过服务器管理器来管理Server Core服务器

可以在一台Windows Server 2016桌面体验服务器（GUI图形接口模式）的源计算机上，通过**服务器管理器**来连接与管理**Server Core服务器**。以下假设源计算机与**Server Core服务器**都是AD DS域成员，并且**Server Core服务器**的计算机名称为ServerCore1。

可以在**Server Core服务器**上，利用Sconfig或Windows PowerShell命令，来允许源计算机通过**服务器管理器**远程管理此**Server Core服务器**。

1．利用 SCONFIG 来允许"服务器管理器"远程管理

Windows Server 2016 Server Core服务器默认已经允许远程计算机可以利用**服务器管理器**来管理，如果要更改此设置值的话【执行sconfig.cmd➲在图B-4-1中选择4）**配置远程管理**后按 Enter 键➲通过图B-4-2来设置】，图中除了可以用来启用、禁用远程管理之外，还可以允

许远程计算机来ping此**Server Core服务器**。

图 B-4-1

图 B-4-2

也可以通过Configure-SMRemoting.exe –enable命令来启用远程管理、通过Configure-SMRemoting.exe –disable来禁用远程管理。

之后便可以在一台Windows Server 2016 GUI模式的计算机上，依以下步骤来远程管理**Server Core服务器**（假设是ServerCore1）：

STEP **1**　　打开**服务器管理器**➲如图B-4-3所示选中**所有服务器**并右击➲**添加服务器**。

图 B-4-3

STEP 2　在图B-4-4中单击 立即查找 按钮。

图 B-4-4

STEP 3　在图B-4-5中单击ServerCore1后单击▶ ⭮ 单击 确定 按钮。

图 B-4-5

STEP 4　之后便可以在图B-4-6中选中ServerCore1并右击，通过图中的选项来管理此**Server Core服务器**，例如添加角色和功能、重新启动服务器、利用Windows PowerShell命令来管理等(通过**计算机管理**、**远程桌面**连接等来管理ServerCore服务器，还有一些设置需要完成，后述)。

图 B-4-6

2. 在 Windows 10 上通过"服务器管理器"来远程管理

如果要在Windows 10计算机上通过**服务器管理器**来远程管理**Server Core服务器**的话,请先到微软网站下载与安装**Windows 10的远程服务器管理工具**(Remote Server Administration Tools for Windows 10)。

如果此Windows 10计算机未加入域的话,还需执行以下命令:【选中左下角**开始**图标⊞右击⊃**Windows PowerShell(管理员)**⊃执行以下命令(参见图B-4-7)】:

```
set-item wsman:\localhost\Client\TrustedHosts -valueServerCore1.sayms.local
```

图 B-4-7

命令中的ServerCore1.sayms.local可改为ServerCore1。此Windows 10计算机要可以解析ServerCore1.sayms.local或ServerCore1的IP地址。

之后就可以通过【单击左下角**开始**图标⊞⊃**服务器管理器**⊃选中**所有服务器**并右击⊃添加服务器⊃如图B-4-8所示来查找、选择ServerCore1服务器(图中通过DNS名称来查找,如果已经加入域的话,则也可以通过**Active Directory**选项卡来查找)⊃单击确定按钮⊃接下来与前面图B-4-6相同】的方法来管理Server Core服务器。

图 B-4-8

但是如果此Windows 10计算机未加入域的话,则可能还需如图B-4-9所示【选中ServerCore1右击⊃管理方式⊃输入有权远程管理此ServerCore1的账户与密码】,图中是输入域sayms\administrator的账户与密码,也可以输入ServerCore1的本地系统管理员账户与密码,例如ServerCore1\Administrator。

图 B-4-9

B.4.2 通过MMC管理控制台来管理Server Core服务器

可以通过MMC管理控制台来连接与管理**Server Core服务器**，以下假设源计算机与**Server Core服务器**都是AD DS域成员。

例如要在源计算机上利用**计算机管理**控制台来远程管理**Server Core服务器**的话，则请先在**Server Core服务器**上通过以下Windows PowerShell命令来打开其**Windows防火墙**的**远程事件日志管理**规则（参见图B-4-10，请先在**命令提示符**下执行Powershell.exe打开Windows PowerShell窗口）：

```
Enable-NetFirewallRule -DisplayGroup "远程事件日志管理"
```

图 B-4-10

注意

如果要禁用此规则的话，请将命令中的**Enable**改为**Disable**。

接下来到源计算机上通过【单击左下角**开始**图标⊞⊃**Windows 管理工具**⊃**计算机管理**】打开**计算机管理**控制台（Windows 10可以在**文件资源管理器**下选中**此电脑**并右击⊃**管理**），

然后如图B-4-11所示【选中**计算机管理（本地）**并右击➲**连接到另一台计算机**➲输入**Server Core服务器**的计算机名称或IP地址】来连接与管理**Server Core服务器**（也可以通过前面图B-4-6的**计算机管理**选项）。

图 B-4-11

如果源计算机不是隶属于AD DS域的话，则可能需要在源计算机上，先通过以下命令来指定用来连接**Server Core服务器**的用户账户，再通过MMC管理控制台来连接与管理**Server Core服务器**。以下假设要被连接的**Server Core服务器**的计算机名称为ServerCore1、要被用来连接的账户为Administrator（或其他隶属于**Server Core服务器**的本地Administrators组的用户）、其密码为111aaAA：

```
Cmdkey /add:ServerCore1.sayms.local  /user:Administrator /pass:111aaAA
```

也可以在源计算机上利用【打开**控制面板**➲单击**用户账户**➲单击**管理Windows凭据**➲单击**添加Windows凭据**】来指定用来连接Server Core服务器的用户账户与密码。

> **附注** ✎
>
> 1. 如果是利用NetBIOS计算机名称ServerCore1或DNS主机名ServerCore1.sayms.local来连接**Server Core服务器**时，但却无法解析其IP地址的话，可以改用IP地址来连接。
> 2. 在图B-4-11中**另一台计算机**处所输入的名称，必须与在**Cmdkey**命令中（或控制面板）所输入的名称相同。例如前面的范例命令**Cmdkey**中是输入ServerCore1.sayms.local，则在图B-4-11中**另一台计算机**处，就必须输入ServerCore1.sayms.local，不能输入ServerCore1或IP地址。

B.4.3 通过远程桌面来管理Server Core服务器

我们需要先在Server Core服务器上启用远程桌面，然后通过源计算机的远程桌面连接来连接与管理Server Core服务器。

STEP **1**　请在Server Core服务器上执行以下命令：

```
cscript C:\Windows\System32\Scregedit.wsf /ar 0
```

其中的**/ar 0**表示启用**远程桌面**，若输入**/ar 1**表示禁用、**/ar /v**用来查看**远程桌面**当前的启用状态。

也可以通过执行Sconfig命令来启用**远程桌面**：【如图B-4-12所示选择**7 远程桌面**后按Enter键⮕输入**E**键后按Enter键⮕输入**1**或**2**后按Enter键⮕……】。

图 B-4-12

您也可以利用以下3个PowerShell命令来完成以上工作：

```
Set-ItemProperty -Path 'HKLM:\System\CurrentControlSet\Control\Terminal
Server' -name "fDenyTSConnections" -Value 0
```

Enable-NetFirewallRule -DisplayGroup "远程桌面"

```
Set-ItemProperty -Path 'HKLM:\System\CurrentControlSet\Control\Terminal
Server\WinStations\ RDP-Tcp' -name "UserAuthentication"-Value 1
```

STEP **2**　到源计算机用【按⊞+R键⮕输入**mstsc**⮕单击确定按钮】（也可以通过图B-4-6的**远程桌面连接**选项）。

STEP **3**　如图B-4-13所示输入**Server Core服务器**的IP地址（或其主机名）⮕单击连接按钮⮕输入Administrator及其密码⮕单击确定按钮。

图 B-4-13

STEP 4　接下来可以如图B-4-14所示来管理此**Server Core服务器**。

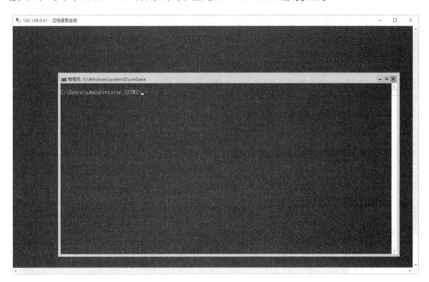

图 B-4-14

STEP 5　完成管理工作后，请输入**logoff**命令以便结束此连接。

B.4.4　硬件设备的安装

如果所安装的硬件设备的驱动程序包含在Windows Server 2016中的话，则在将此硬件设备连接到计算机时，系统的即插即用（PnP）功能就会自动安装此驱动程序。

如果所安装的硬件设备的驱动程序并没有包含在Windows Server 2016中，而是需要另外提供的话，则需要通过以下步骤来安装：

STEP 1　将驱动程序文件复制到**Server Core服务器**的一个临时文件夹内。

STEP **2**　利用**cd**命令切换到此文件夹，然后执行以下的命令：

```
pnputil  -i  -a  <驱动程序的 inf 文件>
```

其中的**驱动程序的inf文件**是扩展名为.inf的文件。

STEP **3**　按照提示来决定是否需要重新启动计算机。

可以利用以下命令来查看**Server Core服务器**内已经安装的驱动程序：

```
sc query type=driver
```

或是将显示结果存储到文本文件内，以便查看，例如

```
sc query type=driver>  t1.txt
```

如果要禁用某个服务的话，请通过以下的命令：

```
sc delete<服务名称>
```

此**<服务名称>**可通过前面的查询命令来得知。

B.5　在虚拟机内运行的Nano服务器

Nano服务器是一个需通过远程来管理的服务器操作系统，类似于 Server Core，但明显更小型化、只支持 64 位应用程序与工具、没有本地登录功能。已针对私有云和数据中心优化。它占用的磁盘空间更少、配置速度更快，而且所需要的更新和重新启动次数更少。

我们需要通过建立Nano服务器映像文件（扩展名是.vhdx、.vhd或.wim）来安装Nano服务器，可以将Nano服务器安装到Hyper-V虚拟机与物理机，它们的配置步骤有所不同。

可以在Windows Server 2016、Windows Server 2012 R2、Windows 10或Windows 8.1计算机上来完成以下工作，此处我们使用Windows Server 2016 Datacenter，且已经安装了Hyper-V。

以下演练假设已经有域环境存在，域名是sayms.local、域控制器是dc1.sayms.local、IP地址是192.168.8.1、此域控制器是Hyper-V虚拟机。

B.5.1　建立供虚拟机使用的Nano服务器映像文件

请依照以下步骤来建立Nano服务器所需的.vhdx文件（先以系统管理员身份登录），假设除了Nano服务器的基本功能之外，我们还要在其中安装网站Internet Information Server（IIS）角色。

STEP **1**　请先取得Windows Server 2016的ISO文件，然后【选中此ISO文件并右击➲**装载**】，如图B-5-1所示我们将其装载至D盘。

图 B-5-1

STEP **2**　复制图B-5-2中ISO文件内的三个文件（位于\NanoServer\ NanoServerImageGenerator文件夹内），假设我们将其复制到C:\Nano文件夹，如图B-5-3所示（请自行建立C:\Nano文件夹）。

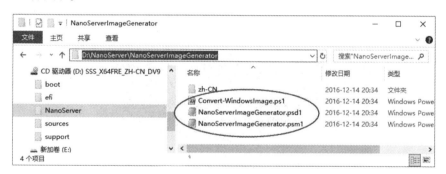

图 B-5-2

> **附注** ✐
>
> 必须先在文件资源管理器内【单击**查看**菜单➲勾选**文件扩展名**】，才看得到文件的扩展名。

图 B-5-3

STEP **3** 执行Windows PowerShell（如果是使用Windows 10等客户端操作系统的话，请以系统管理员身份运行）➋执行CD C:\Nano来切换到C:\Nano文件夹➋执行以下**Import-Module**命令导入Nano服务器映像文件的创建模块，如图B-5-4所示，其中**.**表示当前所在的文件夹（也就是C:\Nano）、**-verbose**参数表示要显示详细信息。

```
Import-Module  .\NanoServerImageGenerator.psm1  -verbose
```

图中：

```
PS C:\>
PS C:\> cd \nano
PS C:\nano> Import-Module .\NanoServerImageGenerator.psd1 -Verbose
详细信息: 正在从路径 "C:\nano\NanoServerImageGenerator.psd1" 加载模块。
详细信息: 正在从路径 "C:\nano\NanoServerImageGenerator.psm1" 加载模块。
详细信息: 正在导入函数 "Edit-NanoServerImage"。
详细信息: 正在导入函数 "Get-NanoServerPackage"。
详细信息: 正在导入函数 "New-NanoServerImage"。
PS C:\nano>
```

图 B-5-4

STEP **4** 由于我们还要安装Web服务器IIS（Internet Information Server），因此请先通过以下命令来从ISO文件查询IIS的套件名称，如图B-5-5所示，由图中可知其名称为Microsoft-NanoServer-IIS-Package。

```
Get-NanoServerPackage  D:\
```

图中：

```
PS C:\nano>
PS C:\nano> Get-NanoServerPackage D:\
Microsoft-NanoServer-Compute-Package
Microsoft-NanoServer-Containers-Package
Microsoft-NanoServer-DCB-Package
Microsoft-NanoServer-Defender-Package
Microsoft-NanoServer-DNS-Package
Microsoft-NanoServer-DSC-Package
Microsoft-NanoServer-FailoverCluster-Package
Microsoft-NanoServer-Guest-Package
Microsoft-NanoServer-Host-Package
Microsoft-NanoServer-IIS-Package
Microsoft-NanoServer-OEM-Drivers-Package
Microsoft-NanoServer-SCVMM-Compute-Package
Microsoft-NanoServer-SCVMM-Package
Microsoft-NanoServer-SecureStartup-Package
Microsoft-NanoServer-ShieldedVM-Package
Microsoft-NanoServer-SoftwareInventoryLogging-Package
Microsoft-NanoServer-Storage-Package
PS C:\nano>
```

图 B-5-5

STEP **5** 执行以下New-NanoServerImage命令来建立.vhdx映像文件，如图B-5-6所示，请在图中设置此Nano服务器的系统管理员Administrator的密码。

```
New-NanoServerImage -DeploymentType Guest -Edition DataCenter -MediaPath
D:\ -BasePath .\Base -TargetPath .\NanoServer1.vhdx -ComputerName NanoServer1
-Package Microsoft-NanoServer-IIS-Package
```

图 B-5-6

命令中的参数说明如下：

- -DeploymentType：Guest代表要建立供虚拟机使用的映像文件、Host代表供物理机使用的映像文件。
- -Edition：指定操作系统的版本，可为Datacenter或Standard。
- -MediaPath：指定安装文件的来源，本范例是D:\。
- -BasePath：从来源文件复制的文件会被放置到此参数所指定的文件夹，本范例是.\Base，其中.表示目前的文件夹，也就是C:\Nano，所以此参数是指C:\Nano\Base文件夹。
- -TargetPath：指定要建立的映像文件的文件名与存储位置，本范例是.\ NanoServer1.vhdx，也就是C:\Nano\NanoServer1.vhdx。附件名可以是.vhdx（第2代虚拟机）、.vhd（第1代虚拟机）或.wim。
- -ComputerName：设置此Nano服务器的计算机名称，例如NanoServer1。
- -Package：安装其他套件，本范例是Microsoft-NanoServer-IIS-Package，表示要在此Nano服务器内安装IIS Web服务器。

STEP 6　图B-5-7为完成后的界面，图中显示在C:\Nano\Base\Logs文件夹内有日志文件，可供查看建立的过程。

图 B-5-7

STEP 7　图B-5-8中位于C:\Nano之下的NanoServer1.vhdx，就是利用New-NanoServerImage命令所建立的映像文件，假设我们将其复制到Hyper-V虚拟硬盘的存储位置（C:\Users\Public\Documents\Hyper-V\Virtual hard disks），等一下要用它来建立虚拟机。

图 B-5-8

B.5.2　建立与启动Nano服务器的虚拟机

我们将依照以下步骤来建立Nano服务器虚拟机，其所使用的硬盘文件就是前面所建立的

NanoServer1.vhdx。

STEP **1**   打开**Hyper-V管理器**，然后如图B-5-9所示【选中主机名并右击➲**新建**➲**虚拟机**】。

图 B-5-9

STEP **2**   以下假设要将虚拟机名称设置为NanoServer1、选择**第二代**虚拟机、网络连接选择与域控制器dc1.sayms.local相同的网络、虚拟硬盘选择前面所建立的NanoServer1.vhdx（如图B-5-10所示）。

图 B-5-10

STEP **3**   图B-5-11为完成后的界面，请启动此Nano服务器NanoServer1。

图 B-5-11

STEP **4**   在图B-5-12中输入系统管理员账户Administrator与密码后按Enter键来登录（可按Tab键切换字段）。

图 B-5-12

STEP 5 　在图 B-5-13中可以设置网卡的IP设置、输入/输出防火墙规则、远程控制设置（WinRM）。此处请选择Networking后按 Enter 键，需要手动来配置其IP地址。

图 B-5-13

STEP 6 　在图B-5-14中选择网卡后按 Enter 键（图中只有一块网卡，但无法正常显示前面的中文字符"以太网"）。

图 B-5-14

STEP **7**   在图B-5-15中按 F11 键来设置IPv4的IP地址。

图 B-5-15

STEP **8**   在图B-5-16中先按 F4 键来将DHCP设置为禁用，以便手动配置IP地址等。图中将IP地址设置为192.168.8.51、子网掩码为255.255.255.0。完成后按 Enter 键来保存配置。

图 B-5-16

B.5.3   将Nano服务器加入域

我们将依照以下步骤来将Nano服务器加入域sayms.local。

STEP **1**   到域控制器dc1.sayms.local上以Administrator身份登录、打开Windows PowerShell。

STEP **2**   执行以下的djoin.exe程序（如图B-5-17所示），以便建立供Nano服务器来加入域所需的文件，假设将文件建立在C:\NanoServer1.txt（djoin的相关说明，可参考2.7节），接下来要将此文件复制到Nano服务器。Djoin程序还会在Active Directory内新建Nano服务器的计算机账户，如图B-5-18所示。

```
Djoin /provision /domain sayms.local /machine NanoServer1 /savefile
C:\NanoServer1.txt
```

图 B-5-17

图 B-5-18

STEP 3　通过以下命令将Nano服务器（192.168.8.51）加入到dc1.sayms.local的信任主机列表内，以便让dc1.sayms.local可以连接到Nano服务器，如图B-5-19所示。

```
set-item wsman:\localhost\Client\TrustedHosts -value 192.168.8.51
```

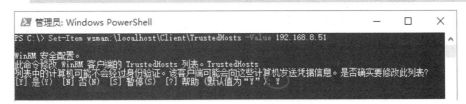

图 B-5-19

STEP 4　执行以下的Enter-PSSession命令来连接与管理Nano服务器，如图B-5-18所示，图中-**ComputerName**处请输入Nano服务器的IP地址（请勿输入计算机名称，因为目前无法解析其IP地址）、-**Credential**处使用Nano服务器的Administrator账户来连接、前景图中请输入Administrator的密码。

```
Enter-PSSession -ComputerName 192.168.8.51 -Credential
192.168.8.51\Administrator
```

图 B-5-20

STEP **5** 由于已经连接到Nano服务器，因此以下动作是针对Nano服务器来操作（注意看其提示字符前面是[192.168.8.51]:）。执行以下的Enter-NetFirewallRule命令(如图B-5-21)，来开放Nano服务器的Windows防火墙中与"文件与打印共享"相关的策略，以便在域控制器dc1.sayms.local上可以访问Nano服务器内的共享文件夹。

```
Enable-NetFirewallRule  -DisplayGroup  "文件和打印机共享"
```

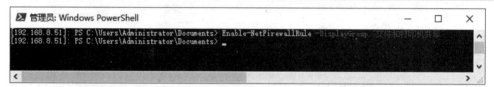

图 B-5-21

STEP **6** 打开**文件资源管理器**⊃如图B-5-22所示输入\\NanoServer1\C$（或\\192.168.8.51\C$），完成后，图中所看到的是Nano服务器NanoServer1的C盘内的数据。

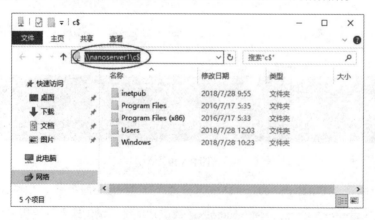

图 B-5-22

STEP **7** 如图B-5-23所示将前面制作的文件NanoServer1.txt（位于域控制器的C:\），利用**文件资源管理器**复制/粘贴到Nano服务器NanoServer1的C盘。

图 B-5-23

STEP 8　回到Windows PowerShell窗口，执行以下命令，以便在Nano服务器NanoServer1上完成加入域的后续操作：

```
Djoin --%  /requestODJ /loadfile C:\NanoServer1.txt /windowspath %System-
Root% /localos
```

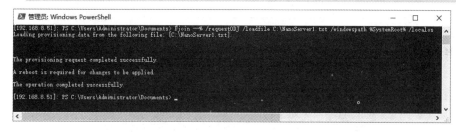

图 B-5-24

STEP 9　加入域后，在Nano服务器NanoServer1就可以利用域SAYMS内的用户账户来登录（参见图B-5-25）。图B-5-26为登录后的界面。

图 B-5-25

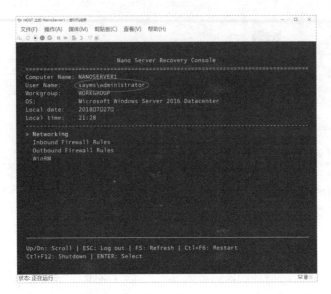

图 B-5-26

STEP **10** 由于已经安装了Internet Information Server（IIS），因此可以利用http://192.168.8.51/来测试连接此网站，如图B-5-27所示。

图 B-5-27

STEP **11** Windows PowerShell现在所管理的计算机为Nano服务器NanoServer1，如果要离开NanoServer1的话，输入exit命令。也可以利用**服务器管理器**来远程管理Nano服务器NanoServer1，相关说明可参考前面关于远程管理ServerCore的说明。

B.6 在物理机内运行的Nano服务器

将Nano服务器部署到物理机的方法可以是以下几种方法之一：

> 通过WinPE启动来布署Nano服务器（使用.wim文件）
> 与现有Windows系统双重启动（dualboot，使用.vhdx或vhd文件）
> 利用PxE-boot启动计算机、通过WDS布署Nano服务器（使用.vhdx或.vhd文件）
> 利用PxE-boot启动计算机、通过WDS布署Nano服务器（使用.wim文件）

以下我们将针对第1种方法来说明。

B.6.1　建立供物理机使用的Nano服务器映像文件

以下说明**通过WinPE启动来部署Nano服务器**的方法，我们将通过建立.wim映像文件来支持此种方法。供物理机使用的Nano服务器映像文件的制作方法与前一节的虚拟机相同，请直接参考前面的说明，不过在执行New-NanoServerImage命令时稍微有所不同：

```
New-NanoServerImage -DeploymentType Host -Edition DataCenter -MediaPath
D:\ -BasePath .\Base -TargetPath .\NanoServer2.wim -ComputerName NanoServer2 -
OEMDrivers -Package Microsoft-NanoServer-IIS-Package
```

其中**-DeploymentType**改为Host、**-TargetPath** 的文件扩展名改为.wim、另外增加**-OEMDrivers**参数（用来安装网卡、存储控制器与其他周边的驱动程序，它与ServerCore所安装的驱动程序相同）。如果要将Nano服务器当作Hyper-V主机的话，请再增加**-Compute**与**-Clustering**参数。

B.6.2　利用WinPE启动计算机与安装Nano服务器

我们需先下载与安装 Windows ADK，然后制作 WinPE（WindowsPreinstallation Environment）USB启动盘。假设我们使用的计算机为Windows 10（版本1703）。

STEP **1**　插入一个U盘，假设它是在F盘。

STEP **2**　到Microsoft网站搜索与下载Windows ADK（Windows Assessment and Deployment Kit），以下假设我们下载的是适用于Windows 10（版本1703）的Windows ADK。安装时请确认**部署工具与Windows预安装环境（Windows PE）**有被勾选，如图B-6-1所示。

图 B-6-1

STEP **3** 安装完成后【单击左下角**开始**图标 ⊞ ➲ 选中**部署和映像工具环境**并右击 ➲ **更多** ➲ **以管理员身份运行**】，然后通过以下命令来建立一个包含Windows PE副本的文件夹（假设是C:\WinPE_amd64），命令中的amd64表示是64位版本（若是32位，请用x86；arm机器，请使用arm）：

```
copype  amd64  C:\WinPE_amd64
```

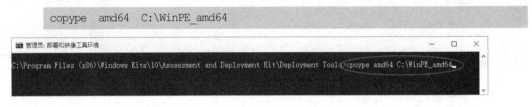

图 B-6-2

STEP **4** 执行以下**MakeWinPEMedia**命令后按 Y 键来建立WinPE启动U盘（假设U盘的盘符为F:；注意U盘内现有的数据都会被删除）：

```
MakeWinPEMedia  /UFD  C:\WinPE_amd64  F:
```

图 B-6-3

附注 📝

如果要制作WinPE开机DVD/CD的话，请改用以下命令来制作ISO文件：

```
MakeWinPEMedia /ISO C:\WinPE_amd64 C:\WinPE_amd64\WinPE_amd64.iso
```

然后将此ISO刻录到DVD/CD（Windows 10可以【选中ISO文件并右击 ➲ **刻录光盘映像**】）。

STEP **5** 将前面所制作的Nano服务器映像文件**NanoServer2.wim**也复制到此WinPE启动U盘，假设是被复制到其根目录，如图B-6-4所示。

图 B-6-4

STEP 6 退出WinPE启动U盘，将其插到目标计算机、利用此启动U盘来开机（可能需修改BIOS设置）。开机完成、进入WinPE后，如图B-6-5所示执行diskpart.exe程序。

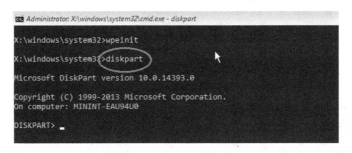

图 B-6-5

> **附注**
>
> 由于在Hyper-V的环境之下，虚拟机利用U盘启动有困难，因此如果要用虚拟机来模拟物理机的话，建议使用**WinPE开机DVD/CD**或使用Vmware Workstation比较方便。

STEP 7 请依序执行以下命令：

```
Select  disk  0
Clean
Convert  GPT
Create  partition  efi  size=100
Format  quick  FS=FAT32  label="System"
Assign  letter="s"
Create  partition  msr  size=128
Create  partition  primary
Format  quick  FS=NTFS  label="NanoServer"
Assign  letter="n"
List  volume
Exit
```

前面的命令会将硬盘的内容清除、总共在硬盘内建立了3个磁盘分区，分别是EFI系统分区（100MB，驱动器号S）、MSR磁盘分区（128MB）与用来安装Nano服务器的分区（驱动器号N）。

STEP 8 执行以下命令来将Nano服务器映像文件**NanoServer2.wim**应用到N盘（以下命令可参考图B-6-6）。

```
Dism.exe /apply-image /imagefile:C:\NanoServer2.wim /index:1 /applydir:n:\
```

其中**/imagefile:C:\NanoServer2.wim**是假设U盘在C:，请通过前面List volume命令来查看U盘的磁盘代号，然后修改上述命令。

STEP 9 利用以下命令来指定Windows系统的目录，以便让Bcdboot命令从这个目录来读取系统分区（此处是S盘）初始化时所需的数据。

```
Bcdboot.exe  n:\Windows  /s  s:
```

STEP 10   退出U盘后执行Wpeutil.exe reboot来重新启动。

```
Administrator: X:\windows\system32\cmd.exe
X:\windows\system32>dism /apply-image /imagefile:C:\nanoserver2.wim  /index:1 /applydir:n:\

Deployment Image Servicing and Management tool
Version: 10.0.14393.0

Applying image
[==========================100.0%==========================]
The operation completed successfully.

X:\windows\system32>Bcdboot n:\Windows /s s:
Boot files successfully created.

X:\windows\system32>wpeutil reboot
```

图 B-6-6

STEP 11   重新开机后，如图B-6-7所示输入用户账户与密码登录。

```
                    User name: Administrator_____
                    Password:  *******_____
                    Domain:    _____


                         EN-US Keyboard Required




ENTER: Authenticate
```

图 B-6-7

STEP 12   如图B-6-8所示为成功登录后的界面。接下来的相关事项，例如将此Nano服务器加入域、
远程管理等，都与前一节**在虚拟机内运行的Nano服务器**相同，请参考前面的说明。

```
                    Nano Server Recovery Console
================================================================
Computer Name: NanoServer2
User Name:      .\Administrator
Workgroup:      WORKGROUP
OS:             Microsoft Windows Server 2016 Datacenter
Local date:     2017年09月18日
Local time:     上午 05:24
----------------------------------------------------------------
> Networking
  Inbound Firewall Rules
  Outbound Firewall Rules
  WinRM




Up/Dn: Scroll | ESC: Log out | F5: Refresh | Ctl+F6: Restart
Ctl+F12: Shutdown | ENTER: Select
```

图 B-6-8

Windows Server 2016
网络管理与架站
畅销书第8次升级

本套书的宗旨是希望读者能够通过实践操作充分了解Windows Server 2016，进而轻松控制和管理Windows Server 2016的网络环境。全书不但理论解说清晰，而且实用范例丰富，对需要参加微软认证考试的读者来说，这套书更是不可或缺的实用参考书籍。

附录电子文件下载

GOTOP

Windows

2016
Windows
Server
网络管理与架站

戴有炜 编著

系统配置
微软认证考试
一次搞定

com
.net
.info

- 独家详述SSTP VPN、IKEv2 VPN、DirectAccess与Web Farm的配置
- 导入虚拟技术：一台电脑就可以拥有完整的虚拟网络环境
- 充分掌握Windows Server 2016网站与网络的整体相关知识
- 微软MCSM、MCSE、MCSA与MTA认证考试的实用参考书

清华大学出版社

Windows Server 2016 网络管理与架站

清华大学出版社

Windows Server 2016
系统配置指南
畅销书第8次升级

本套书的宗旨是希望能够让读者通过实际操作来充分理解Windows Server 2016，进而轻松管理Windows Server 2016的网络环境。书中不但理论阐述清晰，且范例丰富。对需要参加微软认证考试的读者来说，本书更是不可或缺的实用参考书籍。

GOTOP

Windows

2016
Windows
Server
系统配置指南

戴有炜 编著

系统配置
微软认证考试
一次搞定

- 微软MCSM、MCSE、MCSA与MTA认证考试的实用参考书
- 独家详述AD RMS企业文档管理与iSCSI故障转移群集
- 导入虚拟技术，一台电脑就可以拥有完整的虚拟网络环境
- 充分掌握Windows Server 2016系统的相关知识

清华大学出版社